肉羊规模化养殖环境质量控制

◎ 刘　辉　李国庆　主编

中国农业科学技术出版社

图书在版编目（CIP）数据

肉羊规模化养殖环境质量控制 / 刘辉，李国庆主编 .—北京：中国农业科学技术出版社，2018.10

ISBN 978-7-5116-3803-8

Ⅰ.①肉…　Ⅱ.①刘…②李…　Ⅲ.①肉用羊-养殖场-环境质量评价　Ⅳ.①S851.2

中国版本图书馆 CIP 数据核字（2018）第 168778 号

责任编辑　闫庆健
文字加工　赵颖波
责任校对　李向荣

出 版 者　中国农业科学技术出版社
北京市中关村南大街 12 号　邮编：100081
电　　话　(010)82106632(编辑室)　(010)82109702(发行部)
(010)82109709(读者服务部)
传　　真　(010)82106625
网　　址　http://www.castp.cn
经 销 者　各地新华书店
印 刷 者　北京富泰印刷有限责任公司
开　　本　850mm×1 168mm　1/32
印　　张　9
字　　数　217 千字
版　　次　2018 年 10 月第 1 版　2018 年 10 月第 1 次印刷
定　　价　30.00 元

内容提要

本书由新疆农垦科学院畜牧专家编写。内容包括：养殖场建设与环境质量控制、肉羊饲养管理技术与质量控制、肉羊生产与健康保健、羊肉品质评定等方面。全书紧密联系我国发展规模化肉羊养殖的生产实际，吸收国内科研成果和生产实践经验，介绍了近年来推行的新技术、新方法，以及新疆农垦科学院有关领域的阶段性研究成果，对规模化肉羊生产与质量控制进行了系统介绍。本书内容丰富，科学实用性强，适于从事养殖业生产的技术人员和生产者，以及动物科学、畜产品加工大专院校及相关专业师生阅读参考。

刘辉，男，汉族，1964年2月出生，中共党员。1986年7月毕业于西北农业大学畜牧系畜牧专业，获农学学士学位，2006年获中国农业大学硕士学位。现为新疆农垦科学院研究员，兵团学术技术带头人，中国农垦节水农业产业技术联盟秘书长。

曾参加和主持国家自然基金和省级等各类科研课题12项，有多项研究成果达国际先进和国内领先水平。先后获得新疆兵团科技进步一等奖1项、二等奖4项、三等奖3项，农业部丰收二等奖1项、农业科技合作推广奖1项。已撰写并在全国和省级专业学术刊物上发表科研论文50余篇。主编出版专著3部:《现代农业滴灌节水实用技术》(金盾出版社，2014.8)、《绵羊人工授精工作基础及生产应用》(金盾出版社，2016.9)、《规模化人工饲草种植与加工调制》(金盾出版社，2017.1)。

获得荣誉证书多项，有：国家科委“科技扶贫先进工作者”(1997年)，“第四届新疆兵团十大杰出青年”(1999年)，新疆自治区“青年星火带头人”(1999年)，第七届中

国农学会青年科技奖（2001 年），共青团中央“全国青年科技星火带头人标兵”（2002 年），“第五届中国技术市场协会金桥奖”先进个人（2011 年），“十一五”国家星火计划工作先进个人（2011 年）。

前言

2016年以来，国家和农业农村部相继发布了《关于加快推进畜禽养殖废弃物资源化利用的意见》《关于促进草牧业发展的指导意见》和《全国草食畜牧业发展规划（2016—2020年）》，提出了要加快发展健康草食畜牧业。发展健康草食畜牧业是建设现代畜牧业的重要方面。在加快推动畜牧业转型升级、提质增效的同时，不断强化畜禽养殖废弃物资源化利用，对于加快推进畜牧业供给侧结构性改革、持续推进畜牧业规模化和集约化转型升级，以及大力推进畜牧业绿色发展，均具有重要的战略意义和现实意义。

随着人民生活水平不断提高，对畜产品的需求量不断加大。但是畜产品质量下降引发消费健康问题和由动物疫病引发的公共安全事件日益突出，畜产品安全已成为制约我国养殖业发展的重要因素。畜产品的高效生产和健康安全必须从品种选育、饲养环境、饲（草）料生产、疫病防治、畜产品加工及流通过程进行系统的全程质量控制。其生产过程不仅要选择具有良好的生产环境（大气、土壤和水质）和养殖环境条件，还要按照生产标准开展畜产品和饲（草）料的生产及其加工，从而实现畜产品的健康生产和高效生产。

本书是为适应当前发展草食畜牧业和健康养殖的发展形势和发展需求，以新疆农垦科学院相关培训讲义为基础全面修订而成。全书紧密联系我国发展肉羊规模化养殖业的生产实际，并吸纳了新疆农垦科学院在相关领域的阶段性研究成果。在编写过程中，笔者遵循科学性、系统性、操作性和实用性等原则，力求内容新颖而全面、技术简明且实用、语言规范通俗易懂，具有理论指导和实用价值。

作　者

2017 年 7 月

目 录

第一章　绪论

畜禽健康养殖是提高畜产品质量、保障食品安全、维护人类身体健康的关键措施，也是发展现代畜牧业的重要内容。

一、畜禽健康养殖及其特点

（一）健康养殖

健康养殖是指在无污染的养殖环境下，采用科学、先进和合理的养殖技术手段，从而获得优质、安全的产品，产品及环境均无污染，达到畜禽生产与自然环境的和谐，实现良好的经济、社会、生态效益，并能保持持续发展的先进养殖方式。健康养殖的概念最早是在20世纪90年代中后期由我国海水养殖界提出的，以后陆续向其他养殖行业渗透并完善。

从概念上分析，健康养殖应包括以下内涵。

第一，合理利用资源，包括土地、水、畜禽种质、饲料等。

第二，通过先进技术和现代设施设备，合理调控养殖生态环境条件，养殖环境要尽量满足养殖对象的生长、发育、

繁殖和生产需要。

第三，坚持“养重于防，防重于治”的理念，运用各种养殖模式和防疫手段，使养殖对象保持正常的活动和生理机能，并尽可能通过养殖对象的自身免疫系统，抵御病原侵入以及环境的突然变化带来的影响。

第四，投喂适当的且能全面满足家畜营养需求的饲料。

第五，有效防止疾病的大规模发生，最大可能地减少疾病危害。

第六，养殖产品无污染、无药物残留、安全优质。

第七，养殖环境无污染，养殖废弃物未经处理不得排放。

健康养殖的概念具有系统性、生态性和可持续性的内涵。健康养殖是一个系统工程，需要全盘考虑、整体规划，采取系统全面、科学合理的措施。只有在养殖环境中有机地将饲料与营养、疫病控制、品种、养殖技术、设施设备、管理等环节结合起来，才能形成一个健康的养殖业。

（二）肉羊规模化健康养殖要点

由健康养殖的内涵可知，发展健康养殖业，规模是基础，标准是手段，安全是保证，生态是条件，科技是动力，高效是目标。绵羊的规模化健康养殖也必须具有这些特点。具体来说应基本满足以下要求：一是圈舍选址、规划科学合理；二是养殖规模适度；三是防疫措施严密；四是环境卫生可控；五是养殖业与种植业、加工业结合；六是生产管理技术标准化；七是动物福利有保障；八是产品安全可靠；九是生产活动与生态环境友好。

在新形势下，我国的绵羊养殖业，尤其是肉羊生产行业必须逐步改善现有的养殖模式，从营养、环境和卫生等方面来提高动物自身的健康水平，从生产质量安全的产品来提升竞争力，尽快建立起一套完整的健康养殖体系与国际接轨。

在推进动物健康养殖的过程中，应重点规范以下四方面工作：一是在发展的同时遵循自然规律，保护生态环境，走畜牧业可持续发展道路；二是建立生物安全体系，对养殖过程中的各个环节加强管理，为动物生产创造一个理想的生存环境；三是加强对养殖过程中营养、卫生与环境的严格管理和监督，快速实现健康养殖体系的全面确立；四是关注动物福利问题，着手改善生产环境、生产管理、运输及屠宰等各个方面存在的问题，为动物提供一个健康舒适的生存环境，满足其生物学需要。

二、肉羊规模化健康养殖的基本条件

（一）影响肉羊生产效率的因素

肉羊的健康高效养殖是一种专业化、集约化的养羊生产方式，需要较高的生产技术水平和严格的经营管理措施。影响肉羊生产效率的因素，主要包括：

1. 品种资源

肉羊的良种化不仅提高了肉羊的产肉性能，也使得肉羊的生产水平显著提高，并促进了肉羊产业的发展。因此，实施优良品种的培育和推广应用，可以有效促进肉羊产业的可持续发展。

2. 养殖规模

小规模散养是我国目前肉羊养殖的主要模式。肉羊的饲养规模与新技术采用存在正向关系，即规模越大，新技术采用率越高。

3. 人力资本水平

人力资本水平对提高肉羊生产效率呈正相关影响。从事肉羊养殖人员的受教育水平越高，其就越容易掌握先进肉羊育种与繁殖技术、饲养技术及防疫技术。

4. 饲草资源

饲草占舍饲肉羊养殖业生产成本的绝大部分。随着肉羊养殖业逐步标准化和规模化，舍饲和半舍饲的生产方式将取代全放牧的传统方式。因此，作为肉羊养殖的重要物质投入要素，饲草资源的充裕度直接影响肉羊的生产水平。

5. 环境自然灾害

干旱、冰冻等自然灾害对肉羊生产效率呈负相关影响。环境自然灾害对肉羊养殖的影响较大，通过影响饲草资源也会间接影响肉羊的生产。

（二）肉羊规模化健康养殖的基本条件

发展肉羊健康高效养殖的基本条件，主要包括以下方面。

1. 良好的产地环境条件

专业化、集约化的肉羊生产模式仍是我国养羊业长远发展的努力方向。肉羊健康高效养殖对产地生态环境质量具有严格的要求，养殖场场址选择重点应放在生态环境好、水源充足、交通相对便利的区域。

2. 要有一定规模的羊群

作为高投入、高产出、高效益的养羊生产模式，开展肉羊健康高效养殖只有具备一定的生产规模，才能取得良好的经济效益。在北方绵羊生产主产区，肉羊健康高效养殖的规模可大一些；在南方和农区，其养殖规模可适当小一些。

3. 稳定的技术和管理人员

肉羊健康高效养殖的发展，需要拥有一定的科技人才和管理人才，建立和健全社会化科技服务体系，以便适应对肉羊生产全过程中的饲料生产与加工、羊的饲养管理、配种繁殖、疫病防治、卫生监控、原料和产品的检验以及经营管理等方面的需要，并为肉羊健康高效养殖的全过程提供及时、有效的技术服务。

4. 较完善的生产设施和设备

肉羊健康高效养殖是一种集约化的肉羊繁殖生产模式，其设施要按照工厂化养羊的要求，建设标准化的羊舍、运动场地、饮水和喂料系统设施，以降低工人的劳动强度，提高生产效率。

5. 较为配套的产品加工、贮运设备

肉羊健康高效养殖不仅对羊的饲养管理的各个环节有较严格的要求，也对羊的屠宰、加工、贮存和运输等影响羊肉产品品质等环节也有较严格的标准。

三、肉羊规模化健康养殖的发展趋势

健康养殖是畜牧业发展的必然趋势，表现在：

第一，健康养殖符合市场发展的需求。在国内消费市场上，随着国民经济的发展和人民生活水平的提高。畜产品在人们日常膳食结构中的比例愈来愈大，畜产品的安全和卫生问题已成为社会共同关注的焦点。现实中，养殖场为了追求片面利润、从促生长、控制疾病和提高收益等目的出发，超量或违禁使用矿物质、抗生素、防腐剂和类激素等，导致畜产品中激素、抗生素、重金属等有害物质残留超标现象时有发生，不仅严重危害人们身体健康，而且制约了畜产品的出口，畜禽健康养殖势在必行。

第二，由于养殖造成的环境压力越来越大，也促使健康养殖成为行业发展的必然趋势。国家环保总局曾公布了对全国23个省、自治区、直辖市进行的规模化养殖业污染情况的调查，结果显示，养殖生产的污染已经成为我国农村污染的重要来源，形势不容乐观。

第三，动物疫病复杂化和防控责任重大，也要求具备标准化防控技术的健康养殖模式的发展。现今，养殖业疫病问题日益突出，重大动物疫情日益严峻，疫病风险大，尤其是人畜共患病的高发都严重影响着人们的健康和生命安全，影响了人们对畜产品消费的信心，进而严重制约了畜牧业的健康发展。大力发展健康养殖，更能促进现代养殖业的健康、持续发展，也将是时代发展的必然。

第四，健康养殖是国内畜产品走向世界的必然趋势。随着经济全球化，世界各国普遍关注环境保护、食品安全和动物福利。发展健康养殖，杜绝餐桌污染是全人类的共同目标，制订和实施以食品安全为核心的质量保证体系已成为世界各国政府、企业界和学术界关注的焦点，同时，WTO 各成员国纷纷制订了针对动物产品贸易的法律、法规和标准，设置绿色贸易壁垒。如何保持动物产品安全、优质、高效地生产已不仅是养殖业自身可持续发展的问题，还关系到国际关系中的贸易、政治乃至国家安全等问题。在此背景下，世界各国争相开展健康养殖技术研究，以争取在未来国际竞争中占有一席地位。

四、肉羊健康养殖的发展方向

（1）开展安全饲料添加剂研制和开发。安全饲料是指对动物和人类、环境都安全的饲料，因此生产的畜产品是安全的，从而达到保护生态、促进产业健康发展。

（2）推广养殖业粪污和废弃物处理技术。逐步发展工厂化养殖，研发高效节能技术、养殖环境控制技术、粪便和废弃物无害化处理技术等。

（3）采用先进养殖技术。完善养殖配套技术，包括饲养技术、环境保护技术、防疫体系建设技术、养殖设备的研发等。

（4）加快健康养殖技术研究。研究适宜于大面积推广的健康设施及其配套的粪便和废弃物再处理技术；研究适合于

不同自然环境条件和社会经济状况的可持续养殖模式及其配套技术；培育出能大规模生产的主要养殖畜种的抗病、抗逆新品种；开发出适合大面积推广的无公害动物药品和疫苗；开发出适合于不同养殖条件下的、不同养殖品种的系列优质安全高效无抗生素饲料；饲料饮水投喂设备及投饲技术。

（5）建立和健全检疫系统和质量监控系统。加强畜禽疫病监控和测报工作及防疫检疫监控系统的建设。在全国范围形成一个能适应大流通、大规模、集约化、现代化养殖特点的动物防疫检疫网络。建立和健全畜禽产品质量监控体系，主要包括法律保障体系、技术支撑体系、行政执行体系等三大体系。

（6）加强执法、规范行业管理、形成良好的社会监督机制。畜牧业从业者的安全生产意识淡薄，严重制约了养殖业的可持续健康发展。为此，加强宣传，规范行业管理，形成良好的社会监督机制，逐步树立无公害畜牧产品质量安全意识，建立无疫病区和无公害畜禽产品生产示范区，健康养殖示范区等。全面推动无公害标准化生产，全面建立和推进准入制度，推行无公害，绿色营销，真正实现畜牧产品从“产地到餐桌”的无害化，确保消费者身心健康，促进畜牧养殖业的可持续和健康发展。

第二章 养殖场建设与环境质量控制

肉羊养殖场的建设规划要参照实际养殖量并兼顾预期发展规模来确定。小规模养殖可以利用现有的资源简单建造，大规模的生产就需要专门设计和规划圈舍。总体要求是在整体布局上必须按照不同的用途划分为不同的区域，实行分区饲养，也就是羊场规划建设必须适应生产技术程序的工艺要求，同时适当考虑节省投资费用。

第一节 养殖场的设计建设

一、场址选择

（一）影响肉羊生产的环境条件

影响肉羊生产的环境条件主要包括温度、湿度、光照、空气质量、水及土壤质量。

1. 温度

温度对肉羊的产肉性能具有非常大的影响。肉羊最适宜生长发育的环境气温为14～22℃，温度过高（极端高温为25℃以上会引起羊掉膘），羊的采食量下降，甚至停止采食，

增重缓慢，生长发育受到影响；温度过低，羊采食的饲料营养大部分用于维持自身体温和生命活动所需的能量，导致其生长缓慢甚至掉膘。在冬季，产羔舍内的最低温度应在8℃以上，成年肉羊羊舍应在0℃以上；夏季羊舍最高温度应低于25℃。

2. 湿度

相对湿度对肉羊的的健康影响较大，其最适宜的相对湿度为60%~70%。高温、高湿的环境可引起使羊体散热困难，导致体温升高和呼吸困难。湿度过大，会导致羔羊免疫力低下，成活率降低，而育肥羊需要消耗更多能量用于产热，可导致羊体易患疥癣、湿疹和腐蹄。冬季产羔羊舍最低温度应保持在10℃以上，一般羊舍2℃以上，夏季气温不应超过30℃，羊舍应保持干燥、地面不能太潮湿，空气相对湿度应低于70%。

3. 光照

光照能促进肉羊新陈代谢、加速骨骼成长，提高机体的抗病能力。每天肉羊应保持足够光照的时间，光照时间应保持6h以上。羊舍建筑可采用塑料暖棚或阳光板。

4. 空气质量

羊舍内的空气中存在许多有害气体，如氨气、二氧化碳和一氧化碳等，同时，浮尘中存在大量微生物，可对羊的眼、鼻及呼吸道产生强烈的刺激，引发羊只发生多种疾病。另外，羊舍内尘埃可直接影响羊体健康，灰尘过高，容易引发眼角膜炎、气管炎等，一般要求肉羊舍内的风速以0.1~0.2m/s为

宜，最高不宜超过 0.25m/s。因此，要保证羊舍通风换气，做到通风良好。

5. 水及土壤质量

羊场生产中排出的粪尿与污水、人的生活污水、农业污水以及受到污染的地下水均可引起水的污染。如果肉羊饮用污染的水，可导致生产性能下降，免疫力下降，诱发多种疾病。另外，肉羊生长在污染的土壤上，易感染各种疾病及发生农药中毒等。

（二）场址选择

肉羊养殖场具体建设地址的选择要符合区域社会经济发展规划的整体需要，在具体考虑生物安全、环境安全、经营生产便利等必要条件下，通过职能部门规划确定。场址选择要点如下。

第一，符合当地土地利用发展规划、农牧业生产发展总体规划和城乡建设发展规划的相关要求。遵循《GB 14554—1993 恶臭污染物排放标准》和《NY/T 388—1999 畜禽场环境质量》标准要求。

第二，如无特殊的环境限制，场址应选择地势高燥、背风向阳、地下水位低，有缓坡或平坦且排水良好的场地。地下水位应低于地面建筑物地基深度 0.5m 以下。建筑区坡度应在 2.5 度角以内，山区建场的总坡度不超过 25 度角。避开冬季风口、低洼易涝、山洪水道、地质灾害等地段。

第三，建设地点土壤透水性好，土质最好为以透水性好的沙壤土为好。土质黏性过重，透气透水性差，排水性差，不适宜建场。土壤质量符合 GB 15618《土壤环境质量标准》规定。

第四，肉羊养殖场要求其四季水源充足，水质良好，取用方便。要避开人类生活用水水源，防止羊粪尿等污水对居民水源造成污染。水中大肠杆菌数、固形物总量、硝酸盐和亚硝酸盐的总含量等指标应符合 NY 5027—2008《无公害食品畜禽饮用水水质》规定。

第五，肉羊场建设电力充足可靠，要求有二级供电电源。若只有三级以下供电电源时，则需自备发电机，以保证场内供电的稳定可靠。要符合 GB 50052《工业与民用供电系统设计规范》规定。

第六，肉羊养殖场建设要求交通便利和通讯方便，距离一般道路要在 500m 以上、交通干线 1 000m 以上，应与村（居民区）保持 150m 以上的距离，并尽量在村（居民区）的下风向。

第七，放牧、饲草（料）运送、加工和管理方便。重点考虑牧道通畅，周边农田状况及运输道路的便利。在以放牧为主的肉羊养殖场，要具备足够的可供放牧的草场；以舍饲为主的肉羊养殖场或肉羊育肥区，要具备足够的饲草来源或饲料基地。

第八，基本防疫安全环境要求。羊场距离公路、铁路主干道及江河 500m 以上；距离居民区、学校、医院等 1 000m 以上；3 000m 内无化工厂、采矿厂、皮革厂、畜产品加工厂、屠宰场等污染源；应尽量避开其他场区的羊群转场通道，以便在发生疫病时及时隔离和封锁。切忌将羊场建在羊传染病和寄生虫病流行的疫区，羊场周围应设围墙、围栏、防疫沟、绿化带等隔离缓冲带；兽医室、病羊隔离室、贮粪池布局于羊舍下风向方

向50m以外；各羊舍间应有15m以上的间隔距离。

第九，不得在水源保护区、风景名胜区、自然保护区的核心区和缓冲区，以及城镇居民区、文化教育科学研究区等人口集中区域地段或区域建养殖场。在环境污染严重区、畜禽疫病常发区和山谷洼地等洪涝威胁地段，以及法律法规规定的禁养区也不得建养殖场。

二、养殖场的布局

养殖场的功能区划分与布局，必须符合生产技术流程的需要、生物安全的保障，以及不同工种之间的便利。规划时应充分考虑本地区气候特点，在满足当前生产需要及将来扩建和改造可能性的基础上，尽量做到因地制宜、就地取材，造价低廉。

（一）养殖场区布局的原则

养殖场区布局的原则主要有以下6个方面。

第一，羊场建筑设施按生活办公区、生产区、生产辅助区、病羊隔离与粪污处理区布置。要求各区功能明确，联系方便。功能区间距不少于15m，并有防疫隔离带（墙）。

第二，生活办公区设在场区常年主风向上风处及地势较高处，主要包括生活设施、办公设施、与外界接触密切的生产辅助设施及进场大门等。

第三，生产区主要包括各类羊舍、运动场、采精授精室等。

第四，生产辅助区主要包括草料房（库）、加工间、青贮

池（窑、塔）等，宜设在生产区、生活区之间地势较高处。草库（棚）、草垛距离房舍 20m 以上，设专用通道，便于取用和运输。羊舍一侧设饲料调制间和更衣室。

第五，兽医室、人工授精室、隔离羊舍、贮粪场（池）、装卸台、污水池设在场区下风向或侧风向地势较低处。兽医室、人工授精室、病羊隔离室设在距最近羊舍 50m 以外。

第六，有专用道路与外界相通。场内道路设净道和污道，两者严格分开，不得交叉、混用。道路宽度不小于 3.5m，转弯半径不小于 8m，道路上空净高 4m 内无障碍物。

（二）肉羊养殖场的功能分区

肉羊场按照功能可分为生活管理区、生产辅助区、生产区和隔离区四个区域。

各功能区按照与外界接触的频繁程度、风向（由上风向到下风向）、地势（由高到低）等因素，各区的排列次序为生活管理区、生产辅助区、生产区和隔离区。各区应该严格分开，间隔 300m 以上。

1. 生活管理区

生活管理区是与生产经营管理有关的区域及职工生活福利区域，一般应位于场区全年主风向的上风处或侧风处，并且应在紧邻场区大门内侧集中布置，最好能由此看到全场的其他区域。主要包括办公室、实验室、资料信息室、档案室、接待室、会议室、食堂、职工宿舍、卫生间、传达室、值班室、更衣室、消毒室等（图 2-1）。

生活管理区因外来人员较多，应与生产区严格分开，一般距离不少于 30~50m。羊场的大门应位于场区主干道与场外

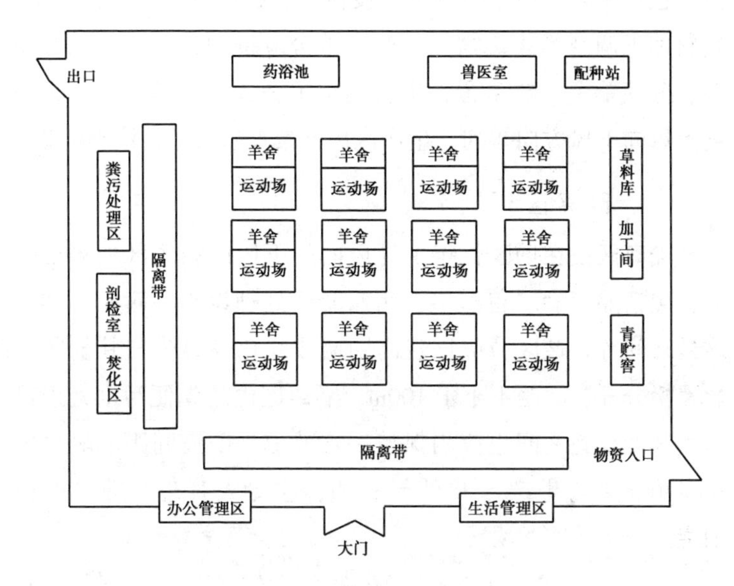

图 2-1　养殖场平面布局参考图

道路连接处，并设置外来人员及车辆强制消毒设施。

2. 生产辅助区

生产辅助区包括供电、供水、供热、设备维修、物资仓库、饲料贮存等设施。该区各设施之间要布局合理，间隔规范。生产辅助区与生产区之间没有严格的界限要求，但应靠近生产区的负荷中心布置。禁止外界车辆进入生产区，确保生产辅助区与生产区的运料车互不交叉使用，防止相互污染和疫病传播。

3. 生产区

生产区应设在生产辅助区常年主风向的下风向。生产区

主要包括羊舍、剪毛间、人工授精室、胚胎移植室、药浴池、饲料加工调制等建筑物。生产区羊舍应按种公羊舍、妊娠羊舍、分娩羊舍、羔羊舍、生长测定羊舍、育成羊舍、装羊台从上风向下风方向排列。生产区内严禁养殖其他经济类动物。

4. 隔离区

隔离区设在场区长年主导风向的下风向和场区地势最低处，包括隔离舍、兽医室、污水粪便处理设施、病死羊和尸体处理间等。该区域应该建高围墙或绿化隔离带与其他各区域严格分开，间距不小于100m。隔离区内的粪便污水处理设施和其他设施之间也应当保持一定的卫生防疫间距。隔离区有专用通道与生产区和外界相通，应专人管理，进出严格消毒。

三、羊舍的设计要求及主要参数

由于不同品种、不同性别、不同年龄和生理状态的肉羊所需羊舍面积不同，因此，肉羊舍面积的大小应根据当地的气候条件、饲养数量、饲养方式及饲养品种而确定。其原则是保证羊只能够自由活动、不拥挤，能保持舍内空气清新干爽，羊只生活健康舒适，便于管理，同时，又可节约用地和建材，降低投资，提高效益。

（一）各群体基础面积

不同类型羊只所需基础面积为：成年母羊 0.8～1.0m^2/只，妊娠、产羔母羊 1～1.5m^2/只，种公羊 1.5～2m^2/只，青年羊 0.6～0.8m^2/只，羔羊 0.3～0.5m^2/只，群间 2～

$2.5m^2$/只。

肉羊舍的建筑面积：根据不同类肉羊养殖数量计算建筑面积，但每幢肉羊舍的建筑面积不宜超过 $300m^2$。

产羔期间：在生产母肉羊舍中应单独隔出独立的育羔室，面积按生产母羊总数占用面积的20%~25%计算。

运动场面积应是羊舍面积的2.0~3.0倍为宜。

不同规模肉羊群所需羊舍、运动场、草料堆放场所需面积见表2-1。

表2-1　不同规模肉羊群所需羊舍、运动场及草料堆放场面积

羊群规模（只）	50	100	200	500	1 000
肉羊舍面积（m^2）	45~55	90~110	180~220	400~500	800~1 000
运动场面积（m^2）	90~150	180~280	360~550	800~1 300	1 600~2 500
草料堆放地面积（m^2）	10	20	40	100	200

（二）其他设施

1. 羊舍长度、高度、跨度

羊舍长度不超过80m，高度2.5~4.5m，跨度不超过12m。

2. 门窗数量及规格

羊群在200只规模及其以下时设一个圈门；超过200只，每200只增设一个圈门。门宽2.0~3.0m，窗宽1.0~1.2m，高0.7~0.9m。

3. 通道

单列式位于饲槽与墙壁之间，宽度 1.3~1.5m；双列式位于两列饲槽之间，宽 1.5~2.0m。

大型养殖场一般采用双列式机械动力运送饲草料，通道宽度按照实际需要设定（表 2-2）。

4. 消毒池

池长一般长 5m×宽 3m×深 0.25m。供人员通行消毒池，一般长 2~2.5m×宽 1.2~1.5m×深 0.05~0.1m。消毒走道还要设紫外线灯、消毒喷雾装置等设备供进出人员消毒。

5. 草垛或草料库布置在距羊舍 20m 以上的侧风向处，占地面积按每 100 只羊 20~25m^2 计算。工作间、调料室、兽医室、隔离室、采精输精等设施面积视具体情况而定。

表 2-2　羊舍建筑设施参数

项目			母羊	种公羊	育成羊
圈舍	面积（m^2/只）		0.8~1.0	1.5~2.0	0.6~0.8
	墙厚度（m）		0.36	0.36	0.36
	前檐高（m）		2.2~2.5	2.2~2.5	2.2~2.5
	后檐高（m）		1.8~2.0	1.8~2.0	1.8~2.0
	门（m）	宽	2.0~2.3	2.0	2.2
		高	1.8~2.0	1.8	2.0
	前窗（m）	宽	1.5~1.8	0.6~1.0	0.6~1.0
	后窗（m）	高	1.0~1.5	0.5~0.8	0.5~0.8
	立柱（m）	截面	0.4×0.4	0.4×0.4	0.4×0.4
	饲槽（m）	宽	0.40	0.45	0.35
		高	0.35	0.35	0.30

（续表）

项目			母羊	种公羊	育成羊
运动场	面积（m^2/只）		2.0~2.5	3.0~4.0	1.5~2.0
	围栏高（m）		1.0~1.2	1.2	1.0
	门（m）	宽	1.3~1.5	1.5	1.2~1.5
		高	1.0~1.2	1.2	1.0
	饲槽（m）	宽	0.40	0.45	0.35
		高	0.35	0.35	0.30
	水槽（m）		0.50（宽）×0.35（高），长度依羊舍实际情况确定		

（三）基本温度、湿度参数

（1）羊舍温度应控制在0℃以上，产冬羔羊舍的温度最低要保持在8℃以上，夏季不超过30℃。

（2）羊舍地面不能太潮湿，空气相对湿度为50%~70%为宜。

（3）采光系数控制在1/20~1/10就可保证羊舍内光照充足。

（四）羊舍暖棚设计中塑料薄膜仰角的参数

暖棚塑料薄膜仰角根据当地的太阳高度角进行设置。

1. 暖棚塑料薄膜仰角太小的缺点

第一，日光被塑料薄膜反射较多，降低圈温。例如，某地区“冬至”这天正午太阳高度角=90°-当地纬度+“冬至”赤纬=90°-45°+（-23.5°）=21.5°；若塑料薄膜仰角为25°，则日光与塑料薄膜的夹角即投射角=25°+21.5°=46.5°；日光以90°投射角垂直照射塑料薄膜时透光率最高，46.5°比90°几

乎小一半，较多日光被塑料薄膜向上方反射掉，故影响圈温。

第二，仰角太小使塑料薄膜内表面上的冷凝水顺膜下流不畅，附在膜内面，严重阻挡日光透过，而且多滴在地面和羊体上，造成地面泥泞、羊体潮湿、圈内湿度过大，易引发疥癣和腐蹄病等。

第三，仰角太小，膜上覆雪也难于清除。

2. 塑料薄膜仰角的计算

适宜屋面角（即塑料薄膜仰角）= 某地北纬－某地大寒赤纬－10°。减少 10°是为增加塑料薄膜宽度从而增加采光面，同时也减少后屋面宽度，从而降低建筑难度和成本。

第二节　羊舍的规划建造要求

一、羊舍的设计建造要求

（一）羊舍的设计要求

肉羊舍的修建是为了个羊群创造适宜的生活环境，以便于羊群的饲养和繁育管理。羊舍的设计应遵循以下原则。

1. 科学、合理的原则

羊舍尽量满足羊对各种环境卫生条件的要求，包括温度、湿度、空气质量、光照、地面硬度及导热性等。羊舍的设计应兼顾既有利于夏季防暑，又有利于冬季防寒；既有利于保持地面干燥，又有利于保证地面柔软和保暖。

2. 生产、高效原则

符合生产流程要求，有利于减轻管理强度和提高管理效率，即能保障生产的顺利进行和畜牧兽医技术措施的顺利实施。设计时应当考虑的内容，包括羊群的组织、调整和周转，草料的运输、分发和给饲，饮水的供应及其卫生的保持，粪便的清理，以及称重、防疫、试情、配种、接羔与分娩母羊和新生羔羊的护理等。

3. 环保、健康原则

符合卫生防疫需要，要有利于预防疾病的传入和减少疾病的发生与传播。通过对羊舍科学的设计和修建为羊创造适宜的生活环境，这本身也就为防止和减少疾病的发生提供了一定的保障。同时，在进行羊舍的设计和建造时，还应考虑到兽医防疫措施的实施，如消毒设施的设置、有害物质（羊的脱毛、塑料杂物）的存放设施等。

4. 经济、适用原则

羊舍修建要求结实牢固，造价低廉。羊舍及其内部的一切设施最好能一步到位，特别是像圈栏、隔栏、圈门、饲槽等，一定要修得牢固，以便减少以后维修的麻烦。不仅如此，在进行羊舍修建的过程中还应尽量做到就地取材。

（二）羊舍的建筑要求

羊舍的建筑要注意以下 6 个方面。

第一，建筑地点要符合场址要求，要具备充足的建筑面积。

第二，建筑材料的选择以经济耐用为原则，可以就地取材。

第三，羊舍的高度要根据羊舍类型和容纳羊群数量而定。

第四，要合理设计门窗，羊舍内应有足够的光线，墙面处理周全，防止贼风直接袭击羊体。

第五，羊舍地面应高出舍外地面20~30cm，铺成缓坡形，以利排水。

第六，羊舍要保持适宜的温度和通风。

（三）羊舍的朝向要求

肉羊场羊舍朝向的确定原则，一方面要确保冬季能阳光更多的照进羊舍，以提高羊舍内温度。另一方面可以合理地利用主导风向，改善通风条件，以创造更好的羊舍环境。由于我国大部分处在北温带，大面积区域纬度范围在北纬23°26′至北纬66°34′之间，太阳照射角冬季小、夏季大，因此，羊舍的朝向一般应坐北朝南或南偏西不超过15°以内为宜。

羊舍的朝向要综合考虑当地的气候、地形等特点，兼顾通风散热和保温节能等因素合理确定。羊场当地的主导风向与羊舍的朝向关系密切，主导风向直接影响冬季羊舍的热量损耗和夏季舍内的通风。当羊舍墙面法线与主导风向的夹角为30°~60°时，舍内低速区（涡风区）面积减小，改善舍内气流分布的均匀性，可提高通风效果。如果冬季主导风向与羊舍纵墙垂直，则羊舍的热量损耗最大。

（四）羊舍的排列要求

羊舍的排列应以产房为中心，周围依次为羔羊舍、育成羊舍、母羊舍及带仔母羊舍。公羊舍建在成年母羊舍与育成母羊舍之间，隔离羊舍建在远离其他羊舍、地势较低的下风向。清洁通道与排污通道分设，办公区与生产区隔开羊舍的排列方式包括单列式、双列式或者多列式。

1. 单列式羊舍

单列式羊舍是所有羊舍在同一水平线上按照同一方向前后依次排列，左右两侧一侧为清洁通道，一侧为排污通道。单列式排列方式适合小规模或场区地形狭长的羊场，不适合地面宽阔的大型羊场。

2. 双列式羊舍

双列式羊舍是两排羊舍在清洁通道两侧按照同一方向前后依次排列，排污通道设在两列羊舍的外侧。该排列方式既能保证清洁通道与排污通道分道明确，又能缩短道路和工程管线的长度。

3. 多列式羊舍

多列式羊舍是多个单列羊舍并排排列，每列羊舍之间设置清洁通道或者排污通道，确保每列羊舍都有净道和污道，而且净道和污道要分道明确，避免因管线交叉而相互污染。

（五）羊舍的间距要求

羊舍排列间距间距过大，则造成土地资源浪费，增大基础设施投资；间距太小，则可引起羊舍之间互相干扰，影响采光和通风换气，不利于防疫等相关工作。

羊舍间距的设计要综合采光、通风、防疫和消防等方面的要求。当没有舍外运动场时，每相邻两幢长轴平行的羊舍间距以 8~15m 为宜；有舍外运动场时，相邻运动场护栏间距以 5~8m 为宜。每相邻两幢肉羊舍端墙之间的距离不小于 15m。

（六）羊舍的高度、长度和跨度要求

1. 高度

羊舍的高度应根据羊舍的类型、饲养规模及气候条件确定，一般冬季寒冷的地区舍内净高2.2~2.5m，气温较高的地区舍内净高2.5~2.8m。双坡式肉羊舍净高不低于2.0m，单坡式肉羊舍前墙高度不低于2.5m，后墙高度不低于1.8m。拱形屋顶，檐高不小于2.4m。

2. 跨度

羊舍的跨度以肉羊舍的类型而定。单坡式羊舍跨度小，自然采光好，适合小规模羊群的饲养，其羊舍跨度一般为5.0~6.0m；双坡式羊舍跨度大，保温性能好，但自然采光差，通风换气不便，适合寒冷地区使用，其羊舍跨度为6.0~8.0m。双坡双列式肉羊舍跨度为10.0~12.0m，拱形屋顶的跨度为9~12m。

3. 长度

羊舍的长度可依肉羊的饲养规模、羊舍建筑布局及建筑材料规格而定。

（七）羊舍的通风采光要求

1. 羊舍的通风换气

羊舍内应保持干燥，其相对湿度以50%~70%为宜；舍内温度一般在冬季应保持在0℃以上，羔羊舍和产羔舍应在8℃以上，夏季羊舍温度不超过30℃。

为了保持舍内温度和湿度，就必须控制羊舍内的通风，使肉羊舍内温、湿度适宜，并能排出舍内污浊空气，保持舍内空气新鲜。但要特别注意避免贼风，一般采用屋顶开设通气孔的方式。肉羊舍的通风换气参数见表2-3。

表2-3 肉羊舍的通风换气参数

季节	成年羊［m^3/（min·只）］	育肥羔羊［m^3/（min·只）］
冬季	0.6~0.7	0.30
夏季	1.1~1.4	0.65

2. 羊舍的采光

肉羊舍自然光照的合理利用，不仅可以改善舍内温度，还可起到很好的杀菌和净化空气的作用。羊舍的采光主要依靠窗户，羊舍的南北墙均应开设窗户，南墙窗户的面积以占地面面积的10%左右为宜，北墙窗户面积为南墙窗户的50%~60%，窗户距地面的高度应在1.5m以上，保证冬季阳光能照进羊舍。在北方，由于冬季寒冷，为保持羊舍的温度，一般不在北墙开设窗户。通常可利用南墙建暖棚，提高养殖效果。

二、羊舍的建筑施工要求

羊舍的基本构造包括墙体、立柱、基础、地面（楼板）、屋顶、门窗和内外装修等。因此，羊舍建筑应符合肉羊不同性别、不同年龄和生长阶段的技术要求。

（一）地基和基础

地基必须具有足够的承重能力和抗冲刷强度，膨胀性小，下沉度应小于2~3cm。基础必须具备坚固、耐久、防潮、防冻和抗机械作用等能力。

基础的地面宽度和埋置深度应根据羊舍的总载荷、地基的承载能力、土层的冻涨程度及地下水位状况计算确定。一般基础比墙体宽 10~15cm，加宽部分常做成阶梯形，以增大底部面积。可选择砖、石、混凝土或钢筋混凝土等作为羊舍基础建材。

在北方，羊舍的基础埋置深度应在土层最大冻结深度以下，但应避免将基础埋置在受地下水浸湿的土层中。

（二）墙体

羊舍的墙体是具有承重、分割空间和围护作用，要具备坚固、耐久、抗震、耐水、防冻、结构简单、表面平整、便于清扫和消毒等特点。

羊舍的墙体必须做好保温隔热处理。墙体对羊舍温度的影响非常大，在冬季，通过墙体散失的热量占整个羊舍总失热量的 35%~40%。当墙体的保温隔热要求高时，可作空气隔层，可在墙内或者墙面加保温层。另外，外墙与地面接触的墙脚部分要做好防潮处理，防止雨水和空气中水汽侵蚀。

（三）立柱

立柱是根据需要设置的羊舍承重构件。羊舍的立柱由如下两种类型。

(1) 用于支撑梁架、敞棚、羊舍外廊等的承重时，一般采用独立柱，可用木材、砖或者钢筋混凝土。

(2) 用于加强墙体的承重能力或稳定性时，则做成与墙体合为一体但凸出墙面的壁柱。

（四）屋顶

羊舍的屋顶主要起挡风、避雨雪和遮阳的作用。其建造形式有坡顶式、平顶式和拱形屋顶等。

为了具备较好的冬季保温和夏季隔热效果，屋顶须做好保温隔热处理。常使用的屋顶保温材料有岩棉制品、膨胀珍珠岩及其制品、膨胀蛭石及其制品和泡沫塑料等。岩棉具有隔热性能好，容重小，导热系数低，不易燃烧，耐腐蚀，隔音等优点；泡沫塑料具有重量轻，弹性好，导热系数低，吸水性小，隔热保温，吸音、防震等特点，广泛用于屋顶、墙体及供热管道的保温隔热处理；膨胀性珍珠岩和膨胀性蛭石均可用于屋顶、墙体和地面的填充保温以及保温抹面等。

（五）顶棚

由于羊舍顶棚与屋顶之间形成了较大的空气层，具有良好的隔热保温效果。因此，合理的顶棚建造，对于羊舍内环境控制具有重要的作用。对于采用负压机械纵向通风的羊舍，其顶棚可显著减少过风面积，有效提高通风效果。

羊舍顶棚的建造应结构简单、平整和轻薄耐用，具有防火、导热性小、不透水、不透气的效果。

（六）门窗

1. 门

羊舍通向舍外的外门的设置除常规的隔离、保温防寒外，要尽量方便工作人员日常管理操作的实施。羊舍的门应向外开启，不应设置门槛和台阶。

根据开启形式，羊舍的门可分为平开门、折门、弹簧门和推拉门等几种方式。并根据门扇的多少，可分为单扇门、双扇门和四扇门。外门的宽度以作业、运输车辆的大小为参

考，一般单扇门宽0.9~1.0m，双扇门宽1.2m以上，折门或推拉门宽度1.5m以上，羊舍门高以2.1~2.4m为宜。每栋羊舍一般在两端墙面各设1个外门，门的位置正对舍内中央通道。跨度大的羊舍也可在端墙上的除粪通道上增设2个外门，较长的羊舍或有运动场的羊舍也可在纵墙上开设门，门的位置选择向阳避风的一侧。

●2. 窗户●

羊舍的窗户多设在南、北墙或屋顶上，窗户的多少和大小均根据当地的气候条件确定。寒冷地区一般不在北墙设置窗户，并在保证采光和通风的前提下尽量减小窗户面积，炎热地区可适当多设窗户或加大窗户的面积，窗户距地面高度应不小于1.2m。

（七）地面

羊舍的地面既要平整、坚固、便于清洗和消毒，又要防滑、防潮、耐踩踏、耐腐蚀，保温隔热性能好。羊舍地面包括实体地面和漏缝地板两种类型。

●1. 实体地面●

实体地面向排尿沟的方向应有1.0%~1.5%的坡度，确保冲洗用水及粪尿的顺利排出；羊舍地面应高于舍外地面20~30cm，地面呈2%~5%坡度的斜面，料槽处高，通风口处低。

土质地面具有防滑、保温效果好和造价低的特点，但耐踩踏和防潮性差，易损坏，不便清洁消毒。用土质地面时，可混入石灰增强坚固性。

砖砌地面具有一定的保温性，但是砖吸水性强，不耐踩踏，易损坏，不便清扫消毒。建造时砖宜立砌，不宜平砌，以减小每块砖的踩踏和受损面积。

水泥地面结实、不透水、便于清扫消毒，但地面太硬，导热性强，保温效果差，造价较高。如果采用水泥地面，可将表面打磨成麻面以防滑。

2. 漏缝地板

漏缝地板的建造材料要求有足够的强度，厚薄均匀。一般采用木条、竹条、混凝土、塑料、铸铁及金属网等材料建造。漏缝地板设置为宽3~4cm，间隙宽1.5~2.0cm，漏条的间距或金属网的网眼要小于羊蹄的面积，以免羊只踩空受伤。

采用漏缝地板的羊舍应该配备污水处理设施，并应及时清理粪尿，防止污染。

（八）运动场

运动场一般建在羊舍的侧面或者背面，通常建在两排羊舍中间的空地。

运动场的地面应低于羊舍地面20~30cm，且向外有5%~10%的坡度，外设排水沟，便于清扫和排水。

运动场的地面以沙质土壤为宜，也可用砖砌或者三合土夯实地面，要求平整而不光滑、坚实而有弹性，防止滑伤或者引发蹄病。

运动场周围应设置高1.2~1.5m的围栏或者围墙，可设置遮阳棚或者种树，避免夏季暴晒。

三、羊舍主要类型及建造

（一）按照建筑形式分类

按照建筑形式，羊舍主要有地面式单层圈舍和楼层漏缝地板式羊舍两种。

地面式单层圈舍易于全封闭生产，是北方常用的模式；楼层漏缝地板式羊舍干净卫生且易于粪污的收集处理，较适用于南方较为温暖的地区。

1. 地面式羊舍

该羊舍的排列方式根据养殖规模而定，主要有单列式和双列式两种。单列式内径跨度 3～4m；双列式内径跨度 8～12m，采用对头式或对尾式饲养。双列对头式羊舍中间为走道，走道两侧各修一排固定饲槽。双列对尾式羊舍走道和饲槽靠向羊舍两侧窗户而修。运动场均在羊舍外的两侧（图 2-2）。

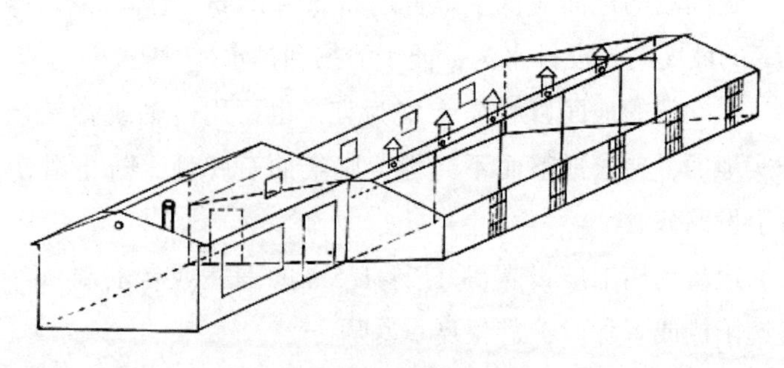

图 2-2　地面式圈舍示意

2. 楼层漏缝地板式羊舍

羊舍地板一般采用木条、竹条、水泥预制、塑料、铸铁及金属网漏缝地板铺设圈舍地面。漏缝间隙羔羊为1~1.5cm，大羊为1.5~2.0cm，地板离地面高度1.5m左右。楼上开设大窗户，楼下则只开设小窗户，楼上面对运动场一侧可修成半封闭式或全封闭式（图2-3）。

饲槽、饮水槽和补饲草架均可修在运动场内。

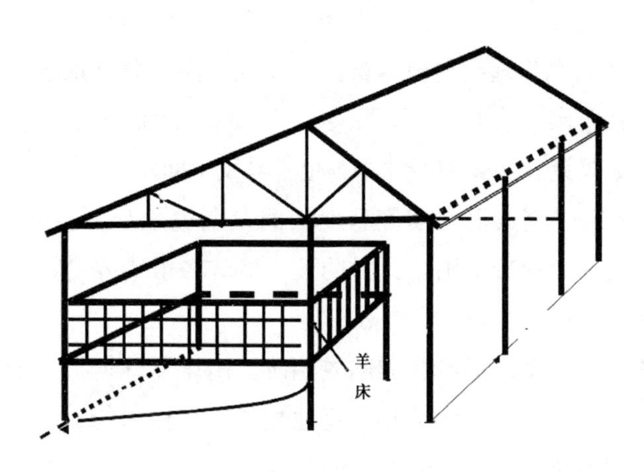

图2-3　楼层漏缝地板式羊舍示意

（1）高床漏缝楼式羊舍的优点。

第一，有效地解决集约化、规模化养羊的难题。一是该羊舍可使分散的羊群集中，实现集中饲养；二是可有效地解决粪便清理和羊群转移、乱交乱配、草料污染等多种问题，提高了劳动生产效率。该羊舍的劳动效率是普通散养、放养的10倍以上。

第二，降低羊群的发病率。该羊舍冬暖夏凉，冬天圈舍保

温，夏天通风透气，雨天免受潮湿。羊体、草料与粪尿隔离，减少疫病重复感染机会，草料保持清洁新鲜、饮水不受污染，各类细菌、真菌、寄生虫病发病率显著降低。在南方高温多雨地区，该羊舍可使商品羊生长周期比普通羊舍养羊缩短 2 个月左右。同时，羊的发病率小于 4%，死亡率低于 2%。

第三，降低了饲料成本。该羊舍可实现青绿饲料、精料、作物秸秆、颗粒料、营养舔砖相互搭配饲喂，保证羊只不同生长时期的营养需求，并且能够节省饲料 25%以上。

（2）高床漏缝地板养羊注意事项。高床漏缝地板养羊具有保持羊床清洁卫生、不污染饲料、减少腐蹄病发生等优点，但是如果设计和管理不到位，也容易发生问题。

第一，消毒很难彻底。地板间及漏缝地板下存在死角，给彻底的消毒带来困难，对防疫不利。一般需要定期刮粪结合冲洗、增加常规消毒次数。

第二，设计不当造成刮粪困难。高床漏缝地板一般采用刮粪板式清粪法，设计时固定地板的支撑面只能在四周，地板宽度不能太大，整个羊床的长度也要根据刮粪能力科学设计。在北方，该羊舍最大的问题是冬季粪尿结冻，刮粪困难，一般通过内部全封闭设计建设来保障这方面工作的顺利完成。同时，注意清粪出口设计要避免当地主风向。

第三，持久的坚固性能较差。漏缝地板悬空承重，常年受粪尿侵蚀，持久性差，需要定期对局部损坏位置进行更换。

（二）按照羊不同类群分类

按照肉羊不同饲养类群，一般可分为公羊舍、育成羊舍、母羊舍及羔羊舍等。

1. 公羊舍和青年羊舍

为敞开式羊舍。羊舍屋顶为双坡式，饲槽为单列式。

在南方，羊舍建设需能排除高温高湿、暴雨和强风的干扰和袭击。羊舍南北全部敞开或北部敞开，运动场设在北面，饲槽设在南面。

在北方，冬季寒冷，羊舍南面可半敞开，北面封闭而开小窗户，运动场设在南面，单列式小间适于饲养公羊，大间适于饲养青年羊。

2. 成年母羊舍

为双列式羊舍。成年母羊舍可建成双坡、双列式。

在南方一面敞开设大窗户；在北方，南面设大窗户，北面设小窗户。

舍内水泥地面，设排污沟，舍外设带有凉棚和饲槽的运动场。

整个羊舍人工通风，羊床厚垫褥草。

3. 羔羊舍

为保暖式羊舍。

在北方，羔羊舍的建设关键在于保暖。若为平房，其房顶、墙壁应有隔热层。舍内为水泥地面，排水良好，屋顶和正面两侧墙壁下部设通风孔，房的两侧墙壁上部设通风扇。室内设饲槽，运动场以土地面为宜。

（三）按照墙体封闭程度分类

按照墙体封闭程度，羊舍可划分为封闭式、开放式和半开放式三种类型（图 2-4、图 2-5）。

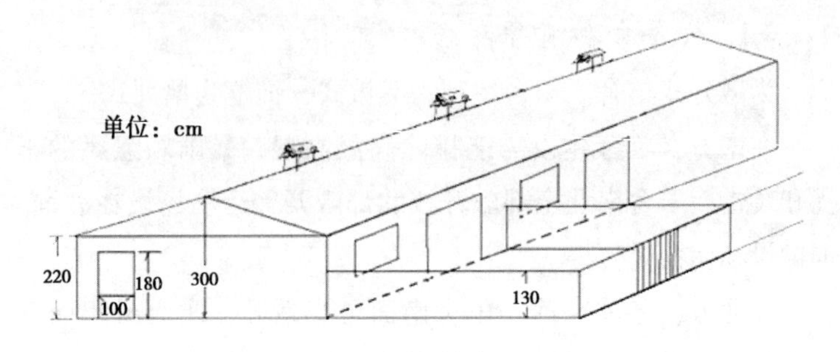

图 2-4　羊舍设计示意

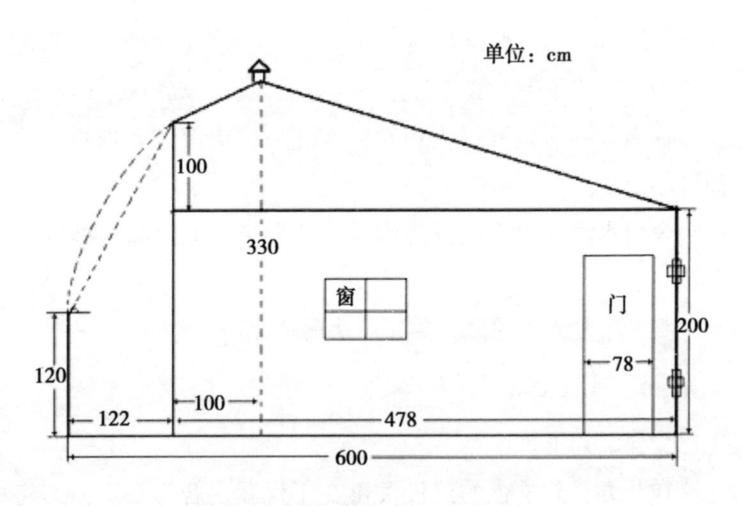

图 2-5　塑膜暖棚羊舍设计示意

1. 封闭式羊舍

该类羊舍具有保温性能强的特点，目前在我国西北、东北地区、北方地区普遍采用的塑膜暖棚羊舍，即为此类。

●2. 开放式羊舍●

该类羊舍保温性能很差，适合炎热地区。温带地区在放牧草地也设有开放式棚舍，只起凉棚作用，防止太阳辐射。

●3. 半开放式羊舍●

该类羊舍具有采光强和通风好的特点，但保温性能差，我国南北方普遍应用。此类型包括单坡式和双坡式两种。单坡式羊合跨度小，自然采光性好，适于小型羊场或农户；双坡式羊舍跨度大，占地面积少，保温性强，但采光和通风差。南方地区种羊场采用楼房式羊舍。

第三节　养殖场主要配套设施和设备

一、饲喂设施

●1. 饲槽●

饲槽是舍饲养羊必备设施，主要用于饲喂精料、颗粒料、青贮料。根据建造方式和用途，一般可分为固定式饲槽和移动式饲槽。

固定式饲槽可用砖石、水泥建造，呈条状，上宽下窄，槽底呈圆形，一般设在羊舍或运动场上。上口宽 30~35cm，下口宽 25~30cm，深 18~25cm。饲槽的长度因饲养羊数而定，大羊每只约 30cm，羔羊 20cm。单列式护栏饲槽外侧应

高出内侧12~15cm，可防止羊在食草过程中将草料拱出槽外造成浪费；双列式饲槽外形为“U”形，上宽35~40cm，深25cm。

移动式饲槽一般可用木料或铁皮制作，一般长150~200cm，上宽35cm，下宽30cm，上缘卷成圆形。移动式饲槽具有移动方便，存放灵活的特点，适合小规模肉羊养殖场。

2. 草架

草架是饲喂青粗饲料的用具，不仅可以将饲草与地面隔离而能保护饲草不受污染和减少浪费，并且可使羊在采食时均匀排列，避免相互干扰。

草架一般可用木材或钢筋制成。有移动式、悬挂式、固定式等多种形式，常见的有单面草架、双面草架两种类型。草架一般高1m，间隔出15cm宽的采食缝隙，草架底部距离地面或羊床25cm左右。

二、栅栏设施

1. 分群栏

分群栏用于种羊鉴定、羊群防疫、驱虫、称重等日常管理和生产活动。可以有效提高工作效率，降低劳动强度。分群栏由许多栅栏连接组成，可以是固定的，也可以临时搭建，其规模视羊群的大小而定。在其入口处为向外张开的喇叭形，入口后是一个窄长的通道，通道的宽度比羊体稍宽，羊在通道内只能单行单向前行，在通道两侧可根据需要设置若干个向两边开门的小圈，便于分群操作。

2. 母仔栏

母仔栏是用于母羊产羔时的设施，便于母羊补料和羔羊哺乳，有利于产后母羊和羔羊的护理。母仔栏可用钢筋、木条、铁丝网或木板制成。一般是用合页将两块栅栏板连接而成，有活动式和固定式两种，一般大多采用活动式。活动母仔栏依产羔母羊的多少而定，一般按 10 只母羊一个母子栏配备。一般母仔间大小为 1.2m×1.5m。

3. 羔羊补饲栏

羔羊补饲栏是为了便于给出生 10～14 天后的羔羊补饲草料而设置的隔离母羊和羔羊的栅栏，保证羔羊能自由采食而不受母羊干扰。羔羊补饲栏一般设置在母羊圈内靠近一侧墙边适当的位置，可保证羔羊能自由出入，而母羊不能通过。补饲栏的大小依羔羊数量多少而定。

4. 活动围栏

活动围栏将不同年龄、不同性别和不同类型的羊相互分开并限制在一定范围内，以便进行科学管理和日常生产活动，通常设在羊舍内和运动场四周。活动围栏可用木栅栏、钢丝网、钢管、原竹等制作，其高度为羔羊 1.0～1.5m，成年羊 1.5～2.0m。围栏的结构有重叠式、折叠式和三脚架式等类型。

三、药浴设施

1. 药浴池

药浴池一般为长方形水沟状，用水泥建成，设置在对人、畜、水源、环境不造成污染的地点。池深 0.8～1.0m，长 5.0～10.0m，上口宽 0.6～0.8m，底宽 0.4～0.6m，以一只羊通过而不能转身为宜。

2. 帆布药浴池

帆布药浴池用防水性能好的帆布制成，形状为直角梯形，上边长 3m，下边长 2m，深 1.2m，宽 0.7m，池的一端呈斜坡，便于浴后羊只走出药浴池，另一端垂直，防止羊只下池后返回。药浴池外侧有池套环，安装前按池的大小在地面挖一个等容积土坑，然后将撑起的帆布浴池放入，四边的套环用木棒固定，加入药液即可药浴。药浴完毕洗净帆布，晒干后放置。这种帆布浴池体积小，轻便灵活。

3. 活动药浴槽

活动式药浴槽一般是用 2～3mm 厚的钢板制成，一般可同时容纳 2 只大羊或 3～4 只小羊进行药浴。

4. 淋浴机械

淋浴机械是近年来研制的用于羊群药浴的装置，可提高药浴的速度，降低劳动强度，提高工作效率，同时，也能有效地减少羊只伤亡。

（1）流动药浴车。流动药浴车是一种小型流动药浴装置，

目前应用的主要型号有 9A－21 型新长征 1 号羊药浴车、9LYY－15 型移动式羊药浴机、9AL－2 型流动小型药浴机以及 9YY－16 型移动式羊只药浴车等。

（2）9AL－8 型药淋装置。9AL－8 型药淋装置由机械和建筑两部分组成。机械部分包括上淋管道、下喷管道、喷头、过滤筛、搅拌器、螺旋式阀门、水泵和柴油机等；地面建筑包括淋场、待淋场、滴液栏、药液池和过滤系统等，可使药液回收，过滤后循环使用。工作时，用电机带动水泵，将药液池内的药液送至上管道、下管道，经喷头对圆形淋场内的羊进行喷淋。上淋管道末端设有 6 个喷头，利用水流的反作用，可使上淋架均匀旋转，圆形淋场直径为 8m，可同时容纳 250~300 只羊药浴。

四、饲料青贮设施

（一）青贮设施的基本要求

青贮设施主要有青贮窖、青贮壕、青贮塔、青贮袋及拉伸膜等。对这些设施的基本要求如下。

1. 不透水

青贮设施场址要选择在地势高燥、地下水位较低、距畜舍较近、而又远离水源和粪坑的地方，不要靠近水塘、粪池，以免污水渗入。地下或半地下式青贮设施的底面，必须高出地下水位，不但要以历年最高地下水位为准，要高出水位约 0.5m；而且要在青贮设施的周围挖好排水沟，以防止地面水流入。否则青贮设施浸入水就会使青贮饲料腐败。

2. 透空气

无论何种材料建造青贮设施，必须做到严密不透气，这是调制优质青贮饲料的首要条件。可用石灰、水泥等防水材料填充青贮窖、壕壁的缝隙，在壁内裱衬一层塑料薄膜则效果更好。

3. 墙壁、地板要平直

青贮设施的墙壁要平滑垂直，内壁光滑、不留死角，这样有利于青贮原料的下沉和压实，避免形成缝隙，造成青贮原料大量腐败。下宽上窄或上宽下窄都会阻碍青贮饲料的下沉或形成缝隙，造成青贮饲料霉变。若为土窖，地面也应平坦，在铺塑料薄膜前可在地面垫上一层沙土来防潮，并将其踏平。

4. 要有一定深度

青贮设施的宽度或直径一般应小于深度，宽深比为1：1.5或1：2，以利于青贮料借助本身重力下沉而压实，排除青贮设备里的空气，保证青贮饲料的质量。

5. 便于防冻

地上式的青贮塔，在寒冷地区要有防冻设施，防止青贮料冻结。

（二）青贮设施的种类

1. 青贮窖

青贮窖一般建在地下，适于地下水位不太高的地区，有地下式、半地下式和地上式三种类型。

地上青贮窖模式有全封闭地上青贮窖、单侧开口地上青贮窖和两侧开口地上青贮窖三种模式。全封闭地上青贮窖具有遮风挡雨的作用。建造此类青贮窖要留出足够的高度和宽度，以便铲车等设备压实工作；单侧开口地上青贮窖是最常见的地上式青贮窖类型，制作青贮时从封闭一侧开始装料压实，可以保证压实密度，减少了装窖的技术难度，取料方便；与单侧开口相比，两侧开口地上青贮窖有两个优点，一是可以以中间为基准，从中间向两侧同时装窖，缩短青贮制作时间；二是可以从一端装窖，并从最先装窖的一端开窖，做到先装窖先开窖先饲喂，保证青贮品质的稳定性。

相对于地上青贮窖，地下青贮窖和半地下青贮窖有以下不足：一是制作青贮时，青贮窖底部青贮渗出液无法及时排出，底部青贮水分高，青贮质量降低：二是雨水易进入窖内造成青贮浸泡，影响青贮饲料品质；三是取料不方便，尤其在冬季饲喂期间。如果在地下青贮窖或半地下青贮窖的最低点建造渗井，安装水泵排水或者修建排水沟排水；或在青贮窖上部安装永久性或可移动防雨棚则可以避免其缺点。

建造青贮窖时，要求坚固耐用，能承受足够大的压力和张力，通常有石头、钢筋混凝土和砖混三种结构。青贮窖底应在地下水位 0.5m 以上，以免底部渗入水。一般青贮窖墙高 2.5~3m，厚度不低于 60cm，窖壁不渗水、不透气。窖墙底宽上窄，呈现坡度，便于压实设备。外有排水沟或排水管。窖底里高外低，形成不低于 3°的倾斜面，便于水流出。为车辆取用方便，窖口应有一定坡度。青贮窖应用砖、石、水泥建造，窖壁用水泥挂面，窖底只用砖铺地面，不抹水泥，以

便使多余水分渗漏。从窖口处向外要延伸3m全部硬化，以免卸车时沾染泥土。

一般来说，青贮设施愈大，原料的损耗愈低，青贮的质量愈好。但在实际饲用中，要考虑到饲用青贮饲料期间，每日由青贮设施中取出青贮饲料的厚度不应少于0.1m，才能保证家畜每日能吃到新鲜的青贮饲料。

2. 青贮壕

青贮壕是指大型的壕沟式青贮设施，适用于大规模饲养场使用。青贮壕有地下式和半地下式两种形式，一般选择在地方宽敞、地势高燥或有斜坡之处。青贮壕是三面砌墙，地势低的一端敞开，以便车辆运取饲料。青贮壕一般宽4~6m，便于链轨拖拉机压实；深5~7m，高出地面2~3m，长20~40m。底部向阳呈缓坡形，坡度5°左右，以利水分过多时将水排出。青贮壕沟底及两侧墙可用水泥、砖、石块砌成，装料时方便使用链轨拖拉机进行碾压。

3. 青贮塔

青贮塔多为地上的圆筒形建筑，适用于机械化水平较高、饲养规模较大、经济条件较好的饲养场。一般青贮塔塔直径4~6m、高13~15m，塔顶要有防雨设备。塔身一侧每隔2~3m留一规格为60cm×60cm的窗口，装料时开启，用完后关闭。原料由机械从塔顶吹入落下，塔内由专人踩实。饲料由塔底层取料口取出。青贮塔封闭严实，一次制作量大，原料下沉紧密，发酵充分，青贮质量高。青贮塔一般用砖和混凝土修建，经久耐用，占地面积少，青贮效果好，塔边、塔顶很少霉坏，便于机械化装料与卸料。

4. 地面堆积发酵青贮

地面堆积发酵青贮是近年来国外比较流行的趋势，需要很高的技术水平。青贮堆通常压成梯形。四面的角度要小于45度，便于压实设备爬坡工作，封窖时采用双层隔氧塑料布封窖。近年来，国内一些大型牧业也开始采用这种地面堆积发酵青贮的方式。

无论何种青贮设备，都要求不漏气、不渗水、不倒塌、防晒、防冻、防雨、防鼠害，容积大小合乎需要。

（三）青贮设施的设计与建造——以青贮窖为例

1. 青贮窖的位置选择

青贮窖一是选择要临近场区外道路，便于运输和饲料储备。从防疫上，要求切忌运输饲料车辆穿行生产区和畜舍；从使用上，要求青贮窖与干草棚、精料库紧密相连，并应靠近生产区，缩短使用运输距离；二是应选择在地势较高、地下水位低，排水、渗水条件好，地面干燥、土质坚硬的地方。

2. 青贮窖建筑形式

现代规模化养殖场的青贮窖建筑，由于贮备青贮饲料数量大，一般多采用地上建筑形式，不仅有利于排水，也有利于大型机械作业。建筑一般为长方形槽状，三面为墙体一面敞开，数个青贮窖连体，建筑结构即简单又耐用，并节省用地。

3. 青贮窖的建筑要求

青贮窖的建筑面积，要根据全年青贮需求量和供应条件

来确定。北方地区一般农作物收获期一年一次，因为青贮制作后，要经过一个月左右的时间发酵后才能使用，因此，青贮窖的设计储备量不应小于 13 个月。南方地区如有计划种植，一年可收获两季，青贮窖的设计储备量应不少于 8 个月。储备青贮秸秆水分应控制在 70% 左右，压实的青贮 1m^3 重 600~700kg，可根据实际情况确定青贮储备数量。

每日青贮所需的饲喂量，决定了可管理良好的青贮窖的截面尺寸。通常以每日取用青贮饲料的挖进量（横截面）不少于 15cm 为宜。青贮窖的长度可由青贮饲料饲喂周期和装填率来确定。根据经验估计装填率（干物质 t/天）选择能在 9 天之内能装满的青贮窖。若该长度不能满足储存需要可考虑再建单独的青贮窖。

青贮饲料每立方米的重量与原料含水量高低、质地软硬，以及压实程度有关。可按照常用青贮原料的容重（表 2-4）计算窖容积。并根据需要来决定青贮窖的大小。

表 2-4　常用青贮原料的容重

饲料种类	铡切细碎者（kg/m^3）		铡切较粗者（kg/m^3）	
	存贮时	取用时	存贮时	取用时
叶菜与根茎	600~700	800~900	550~650	750~850
藤蔓类	500~650	700~800	450~550	650~750
全株玉米、向日葵	500~550	550~650	450~500	500~600
玉米秸秆	450~500	500~600	400~450	450~550

生产中可根据青贮储备年度计划数量，设计青贮窖的建筑面积和规格数量。可根据堆放高度计算青贮窖的建筑面积，

青贮的堆放高度一般为3.5~4m，因为青贮堆得高，可以减少青贮顶部的霉变损失，但过高又不利于使用。青贮窖中新鲜原料重量估算方法见表2-5，供参考。

表2-5　青贮窖中新鲜原料重量的估算方法　（单位：t）

长度（m）	高度（m）	宽度（m）				
		6	8	10	12	14
15	1	54	77	90	108	126
	2	108	144	180	216	252
	3	162	216	270	324	378
20	1	77	96	120	144	168
	2	144	192	240	288	336
	3	216	288	360	432	504
25	1	90	120	150	180	210
	2	180	240	300	360	420
	3	270	360	450	540	630

注：假设密度为600kg/m^3

4. 青贮窖的结构设计要求

（1）窖型的选择。青贮窖的窖型应根据地势、地类和环境选择地下、半地下或地面等形式的窖型。地下水位低且土质层好的地方，可建成地下窖；地下水位高的地方，采用半地下窖，窖底应比地下水位高出50cm以上。不宜挖窖的地方可以修成地上青贮窖。根据场地的大小、位置和土质层的情况，可选择方形、长方形、圆形等窖型，一般以长方形为好。

（2）青贮窖高度。地下青贮窖的深度一般在2~3cm为宜，半地下青贮窖地下部分一般在2~2.5m，地上部分0.5~

1m。可根据地下水位、土质、气候状况灵活掌握。被推荐的最小青贮窖高度是1.8m。低于1.8m，很难达到合适的青贮饲料密度237kg/m^3。最大的青贮窖高度被成本、青贮预制板墙以及卸料设备能到达的高度所限制。绝大多数的青贮窖墙壁高度在2.4m到4.8m的范围内。5.4m到6m的青贮窖的高度只建在山边且考虑到压实且具有安全性时才予采用。

（3）青贮窖宽度。根据每天青贮使用量，牵引式或自走式TMR（全混合日粮）设备行走转弯需要等，设计青贮窖宽度，但是，过宽的青贮窖在储备时会影响封窖速度，进而影响青贮质量。最小的青贮窖宽度是拖拉机宽度的二倍。最小的拖拉机宽度为2.4~3m。推荐的最小青贮窖宽度是4.8m到6m，饲养规模大的牧场，一般以15~20m宽度为宜。

（4）宽度高度比。宽度高度比（W/H）在青贮窖中提供一个对青贮窖表面积与体积的比。如果外表面太大，填充和贮存期间会有大量的氧气与水分与其接触。在大部分情况下，推荐宽度和高度比为5或更少。因为大部分成本是侧墙的建设上，所以宽高比太小建造成本就会高。

（5）坡度设计。窖型应设计为上宽下窄，长方形青贮窖窖底要有一定的坡度，坡度向渗水孔方向微倾，窖的周壁要设计成微倾斜式，倾斜度为每深1m，上口向外倾5~7cm，坡比为10∶0.5~10∶0.7，窖挖成后纵剖面成倒梯形。

（6）渗水孔设计。窖底应根据窖的大小设计适当的渗水孔，一般在窖的纵向中心，每2.5m左右处设置一个渗水孔，孔径一般在20~30cm，孔深在50cm以上，各孔要均匀分布。

（7）青贮窖存容量计算。每日青贮所需的饲喂量，决定了可管理良好的青贮窖的截面尺寸。青贮窖的长度可由青贮饲料饲喂周期和装填率来确定。根据经验估计装填率（干物质 t/天）选择能在 9 天之内能装满的青贮窖。若该长度不能满足储存需要可考虑再建单独的青贮窖。青贮窖建筑的大小可根据养殖规模来进行设计，各种类型青贮窖存容量的计算如下：

圆形窖贮存容量＝半径^2×3.14×深度×容重

梯形窖贮存容量＝长度×［（上口宽+下底宽）/2］×深度×容重

长方形窖贮存容量＝长度×宽度×深度×容重

示例：以饲养 100 头奶牛青贮窖的设计长方形的青贮窖

饲养 100 头奶牛，200 天饲喂全株玉米青贮饲料，每头产奶牛每天饲喂青贮料 22.5kg 计算，200 天需用青贮料量为：22.5kg×100kg×200kg＝450 000kg（450t）。

全株青贮玉米按 550（kg/m^3）计算，所需青贮窖容积为：450 000（kg）/550（kg/m^3）＝810（m^3）

即：按 810m^3 容积设计长方形青贮窖，设计规格为：长 25m×宽 5.4m×深 3m＝405m^3（建造 2 个青贮窖），每个青贮窖设计为半地下式，地下部分深为 2.5m，地上部分高为 0.5m，窖的上口和下底平均宽为 5.4m，上口和下底平均长为 25m，作业通道长 6m，宽 1.8m，坡比 6∶2.5，可进车拉料。

5. 青贮窖的墙体

青贮窖的墙体以砖、砼石砌成，或使用混凝土浇筑，墙面要求平整光滑。墙体上窄下宽呈梯形，有利于青饲储备时的碾压，当青贮下沉时有利于压得更加严实。墙体不必过高，

一般为2~3m即可，青贮堆放时高度要求高于墙体，一般达到3.5~4m，覆盖塑料膜，防止雨水流入。

●6. 青贮窖排水●

青贮窖窖口地面要高于外面地面10cm，以防止雨、雪水向窖内倒灌，窖内从里向窖口做0.5%~1%的坡度，便于窖内挤压液体排出，同时，也起到防雨水倒流浸泡作用；青贮窖口要有收水井，通过地下管道将收集的雨水等排出场区，防止窖内液体和雨水任意排放。如青贮窖体较长，收水井可设在青贮窖中央，然后由窖口和窖内端头向中央收水井放坡，坡度为0.5%~1%，中央的收水井通过地下管道连通，然后集中排出。

●7. 供电设计●

养殖场制作青贮，使用青饲切碎机加工青饲，需要动力电源，应要根据青贮饲料储备计划、年度储备总量、制作加工时间限制、每天收储数量、设备每小时加工能力和设备投入数量、设备耗电等情况设计用电计划。供电采用电缆，连接配电柜，配电柜应设在青贮窖口靠近墙体的位置。

五、草料设施

●1. 干草棚●

干草棚用于贮备干草或农作物秸秆，供肉羊冬季、春季食用。

干草贮备量按每只羊每天干草1.8kg估算，每批次备足

4~6个月需要量。

干草棚一般用砖或土坯砌成，或用栅栏、网栏围成，上面盖以遮挡雨雪的材料即可。有条件的羊场可建成半开放式的双坡式草棚，四周的墙用砖砌成，屋顶用石棉瓦覆盖，这样的草棚防雨防潮效果更好。

干草棚内地面应高出外部地面，便于排水，且应用钢筋或木条搭建贮草架，避免饲草直接接触地面引起发霉变质。

2. 饲料库

饲料库应靠近饲料加工车间，且运输方便，库内地面及墙壁平整，库房内要求通风良好、干燥防潮、易于清洁，地面用方木条搭制贮料架，确保底层饲料与地面之间有20cm以上的通风空间，饲料库四周应设排水沟。

每批贮备量应能满足羊群3~4个月需要。

六、供水设施

1. 贮水设施

没有自来水的地区，应在羊舍附近修建水井、水塔或贮水池等贮水设施，并通过管道引入羊舍或运动场。水源与羊舍应相隔一定距离，以免污染。

2. 饮水槽

饮水槽一般固定在羊舍或运动场上，可用镀锌铁皮制成，也可用砖、水泥制成。饮水槽底部设置排水口，以便清洗水槽，保证饮水卫生。水槽高度以羊方便饮水为宜，长度以羊

群的规模确定。

七、人工授精站

（一）建设要求

人工授精（中心）站应建立在背风、向阳、干燥、有水源、牧草地面积大或有较多的农田、无疫病流行史、交通便利、母羊数量多的中心地带，这样便于每天运送精液。因为高倍稀释的精液，当天精液只能当天使用，第二天使用就可能降低受胎率。为使人力、物力和种公羊发挥最大的效能，降低配种成本，选择人工授精站建设地点的生产羊群规模为：牧区设立以集中1 000~1 500只为宜；半农半牧区集中700~1 000只为宜；农业比重大或羊少的地区，每站至少集中300~500只。

鉴于西北地区绵羊人工授精工作中普遍存在配种期母羊群体较小、羊群相对分散以及养殖户配合程度差等诸多问题，在羊群分散和羊群较小的地区可通过采取“集中采精、分散输精”的方式，即对人工授精过程中集中采集的公羊鲜精进行技术处理，然后在规定时间内分散运送至各个输精点，并且保证输精时的精液品质达到配种要求。该方式不仅可以减少了配种期间的劳动力投入及母羊运送成本，也对缓解秋季配种与农牧区秋收农忙期间的用工矛盾。

人工授精站应设有5~7间房屋，设有采精室、精液处理室、公羊圈舍、母羊圈舍、饲料间、兽医室和工作人员宿舍等。

（二）建设条件

人工授精点应设在母羊较集中、交通较方便的场所。把授精点设在场部连队的兽医室也可。由于采用优良的羊精液稀释液和适宜的保存方法，可以大幅度地提高公羊精液的稀释倍数，延长精液的保存时间，扩大配种范围，提高种公羊精液的利用率，从而为远距离地区更多的母羊进行配种。不论是用摩托车还是其他交通工具取送精液，在上午10：00前精液必须送达各输精点，单程不能超过2h，羊群点距人工授精站以10km以内为宜。在生产中，一次采得的种公羊精液可以为30~50只母羊输精。各场部可根据当地的具体条件建点。

高寒山区配种站的建设有条件的可以建固定式永久性配种站，或根据生产要求建设流动式配种站。流动式配种站仅需两顶帐蓬，一顶帐蓬用于技术人员住宿，另一顶帐蓬用作验精室，存放各种器械和药品；另外搭建1个母羊圈和1个公羊圈就可以开展工作。在母羊圈边选地势平坦的地方搭1个距地面70cm的横杆，作为输精架，上方搭上棚布可防雨水和日光，方便输精工作。如果雨水多导致圈内潮湿，可随时转移羊圈的位置，非常方便实用。

（三）平面布置

人工授精站内建筑物的配置要因地制宜，便于管理，有利于生产，便于防疫、安全等。做到整齐、紧凑，土地利用率高并节约投资，经济实用。

人工授精站的建设上除了采精室、输精室、精液处理室、公羊舍、待配母羊圈、饲料间、兽医室等生产设施之外，还应建有办公室和工作人员宿舍等生活设施。

人工授精站的兽医室应设在下风口，而且相对偏僻一角，便于隔离，减少空气和水的污染传播。办公室和工作人员宿

舍应设在人工授精站之外，且地势较高的上风头，以防空气和水的污染及疫病传染。

人工授精站基本布局见图 2-6。

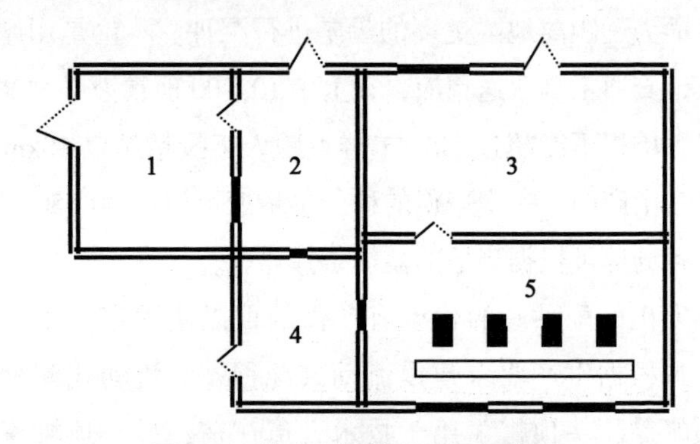

图 2-6　羊人工授精站布局示意图

1. 公羊圈舍；2. 采精室；3. 待配母羊室；4. 精液检查室；5. 输精室

（四）工程建设要求

1. 采精室

采精室面积为 10~12m²，要求地面平整，光线充足。采用砖混结构，按一般标准建设。室内安置 1~2 个保定架。

2. 输精室

输精室地面平整、坚实，可铺砖或制成水泥地坪，面积约 40m²。靠近采光面墙体设地下坑道。坑道尺寸为：深约 1.0m，宽约 0.6m，长约 4m。离坑道外缘 1m 左右安装输精架若干。输精时，要求室内温度 25℃左右。可布置灯光或佩戴头灯来满足采光需求。

● 3. 精液处理室●

精液处理室面积为 8～10m^2。要求屋顶、墙壁、地面平整。采用砖混结构，按一般标准建设。室温应保持在 20℃左右。

● 4. 种公羊舍●

种公羊舍要求地势高燥，每只种公羊占有面积为 2.5～3m^2。

● 5. 种公羊运动场●

种公羊运动场要求有一定坡度，每只种公羊占有面积为 10～15m^2。

● 6. 待配母羊圈●

待配母羊圈应与输精室相连通，其面积可根据母羊群大小来决定。一般可根据管理羊群的数量设置 2～3 个小圈，每个小圈面积为 100～150m^2。

八、兽医室

兽医室包括兽药保存室和操作准备室，通常设在隔离区。要求房间布局合理，通风、采光良好，便于各种操作。室内设有上下水，有足够负荷的电源，内墙和地板应防水，便于消毒，操作台面要防水、耐酸碱和有机溶剂等。

兽药保存室必须配备冰箱等低温和冷冻设备，兽药保存室的面积依养殖规模而定，一般 5 000 只羊饲养量以内的规模，需要 15～20m^2 即可。

操作准备室可根据养殖规模设置剖检间、样品保藏间、病原体和血清检测间、洗涤消毒间等。每间面积 10~20m^2，也可在一个大房间内设置不同的分区，但要防止各分区内相互污染。操作准备室内应配备冰箱、冰柜、生物显微镜、高压灭菌器、消毒柜、手术器械及产科设备等。选择配备酶标检测系统、培养箱、纯水生产系统、酸度计、水浴锅、电子天平、移液器等。

九、清粪设备

设计或运行一个粪污处理系统，必须对粪便的性质，粪便的收集、转移、贮存及净化方式等方面的问题加以全面的分析研究。规划时，应视不同地区的气象条件及土壤类型、管理水平等进行不同的设计，以便使粪污处理工程能发挥最佳的工作效果。

●1. 粪污处理量的估算●

粪污处理工程除了满足处理各种家畜每日粪便排泄量外，还需将全场的污水排放量一并加以考虑。肉羊大致的粪尿产量见下表。按照目前城镇居民污水排放量一般与用水量一致的计算方法，肉羊场污水量估算也可按此法进行（表 2-6）。

表 2-6　肉羊粪尿排泄量（原始量）

饲养期（天）	每只每日排泄量（kg）			每只饲养期排泄量（t）		
	粪量	尿量	合计	粪量	尿量	合计
365	2.0	0.66	2.66	0.73	0.24	0.97

2. 粪污处理工程规划的内容

粪污处理工程设施因处理工艺、投资、环境要求的不同而差异较大，实际工作中应根据环境要求、投资额度、地理与气候条件等因素先进行工艺设计。

一般其主要的规划内容应包括粪污收集（即清粪）、粪污运输（管道和车辆）、粪污处理场的选址及其占地规模的确定、处理场的平面布局、粪污处理设备选型与配套、粪污处理工程构筑物（池、坑、塘、井、泵站等）的形式与建设规模。

规划要遵循采用污染物减量化、无害化、资源化处理的生产工艺和设备的原则。

首先考虑其作为农田肥料的原料；充分考虑劳动力资源丰富的国情，不要一味追求全部机械化；选址时避免对周围环境的污染。还要充分考虑羊场所处的地理与气候条件，严寒地区的堆粪时间长，场地要较大，且收集设施与输送管道要防冻。

3. 清粪方式

可分为人工清粪、自流式清粪、水冲清粪等。

清粪设备按照工作原理可分为输送器式和自落积存式。其中，输送器式清粪设备主要有刮板式、传送带式和螺旋式3种，刮板式使用较广，刮板自动收放，板位可调，摩擦小，清粪干净，且操作简单，可实现无人化管理。手动临时清粪和自动定时清粪任意转换，常见的有拖拉机悬挂式刮板清粪机、往复刮板式清粪机。自落积存式清粪设备包括漏缝地板、

舍内粪坑和铲车。舍内粪坑位于漏缝地板的下面，由混凝土砌成，上盖漏缝地板，坑深1.5~2.0m，清粪间隔时间为4~6个月，用铲车清粪，运输至堆粪场。

十、消防安全与监控系统设备

羊场消防设施设备，须符合GBJ 39—1990《村镇建筑设计防火规范》之规定。

监控系统为羊场内部的安全提供保障，保证羊场内部畜群的生产安全及场区其他设施设备财产的安全。通过监控系统可以直观地掌握现场情况和记录事件事实，及时发现并避免可能发生的突发性事件，并通过录像设备进行记录取证，为生产安全与管理提供保障。

在安全防范领域里，闭路电视监控系统的地位举足轻重，它可以即时地传送活动图像信息。值班人员通过遥控装置，还可以控制前端摄像机，改变摄像角度、方位、镜头焦距等。从而实现对现场大范围的观察和近距离的特写，并可通过录像设备进行记录取证。

监控系统是采用数字控制技术、多画面智能处理技术、通信网络技术以及防入侵报警系统联动的一套综合性安全防范系统。在起到安全防范作用的同时也是一种现代化智能管理系统。可在控制中心将养殖场内的一些重要活动及设备进行实时的不间断近距离的监控，并记录存档，可有效的预防各种意外的发生。

目前，闭路电视监视系统已在各类集约化养殖场被广泛使用。在安保工作中取得良好的社会效果。

第四节 养殖场环境质量及卫生控制

进入21世纪，畜牧业发展面临着一个共同的问题即畜产品的安全质量。国内养羊业始终以放牧及舍饲为主，其生长的外界环境受到人类生产活动的影响已变得非常复杂，环境污染日益严重，养殖业所依赖的土壤、饲草料和水等资源安全受到了影响，各种添加剂、抗生素的滥用也加剧了消费者对畜产品安全的担忧。为了提供更好的畜产品，对所有生产所需的资源、环境质量等都制定了严格的控制要求，并以国家标准的方式发布，为生产者提供了有利的参考。

一、产地环境质量及其控制

与肉羊健康生长发育有关的环境因素有很多，这些因素经常处于变化中，有些环境因素往往不会在短时间内引起危害而未被重视，从而对养羊生产带来一定影响。在诸多环境因素中，畜舍中的有害气体、冷热环境、湿度控制、噪声、光环境和水质状况对养羊生产影响最大。

（一）饮用水质量要求

绵羊体内各种代谢及体温调节等都需要水。羊场选址及放牧地要求水源充足，而且水质良好。水质不佳或水体受到污染，易导致羊群抵抗力下降，易感染各种疾病，并可通过食物链影响人类的健康。

养殖场水源选择的原则：水量充足；水质良好；便于卫

生防护以及技术经济上合理、取用方便，净化消毒设备简易，基建及管理费用最节省等。

在地下水丰富的地区，应优先选择地下水源，特别是深层地下水。从经济角度来考虑，在地面水丰富的地区，也可选用水质较好的地面水作为饮用水源。

生产饮用水水质应符合（NT/T 1168—2006）要求(表2-7、表2-8)。

表2-7 肉羊生产的饮用水质量标准（NT/T 1168—2006）

项目	标准值	项目	标准值
色（°）	色度不超过30°	总大肠菌群（个/100mL）	成年羊≤10，羔羊≤1
混浊度（°）	不超过20°	氟化物（以F^-计）(mg/L)	≤2.0
臭和味	不得有异臭、异味	氰化物（mg/L）	≤0.2
肉眼可见物	不得含有	总砷（mg/L）	≤0.2
总硬度（以$CaCO_3$计）	≤1 500	总汞（mg/L）	≤0.01
pH值	≤5.5~9	铅（mg/L）	≤0.1
溶解性总固体（mg/L）	≤4 000	铬（六价）（mg/L）	≤0.1
氯化物（以Cl^-计）(mg/L)	≤1 000	镉（mg/L）	≤0.05
硫酸盐（以SO_4^{2-}计）(mg/L)	≤500	硝酸盐（以N计）(mg/L)	≤30

表2-8 饮用水中农药限量指标及其检验方法

项目	限值（mg/L）	农药限量检验方法
马拉硫磷	0.25	按照GB/T 13192执行
内吸磷	0.03	参照《农药污染物残留分析方法汇编》中的方法执行

（续表）

项目	限值（mg/L）	农药限量检验方法
甲基对硫磷	0.02	按照 GB/T 13192 执行
对硫磷	0.003	按照 GB/T 13192 执行
乐果	0.08	按照 GB/T 13192 执行
林丹	0.004	按照 GB/T 7492 执行
百菌清	0.01	按照 GB 14878 执行
甲奈威	0.05	按照 GB/T 17331 执行
2，4-D	0.1	按照《农药分析》中的方法执行

（二）空气质量要求

1. 空气质量要求

空气中的有害物质包括有害气体、微粒和微生物，会给生产带来不良的影响，甚至引起疾病和死亡。环境空气质量应符合空气环境质量标准（GB 3095—2012）的要求（表2-9、表2-10、表2-11、表2-12）。

表 2-9　肉羊生产加工环境空气质量指标

项目	平均	1h 平均
总悬浮颗粒物（标准状态），mg/m	≤0.30	
二氧化硫（标准状态），mg/m	≤0.15	≤0.50
氮氧化物（标准状态），mg/m	≤0.12	≤0.24
氟化物，μg/（dm^2·d）	≤（月平均）	
铅（标准状态），μg/m^3	季平均≤1.50	

表 2-10 肉羊生产场空气环境质量指标

项 目	单位	场区	羊舍
氨 气	mg/m^3	5	20
硫化氢	mg/m^3	2	8
二氧化碳	mg/m^3	750	1 500
可吸入颗粒（标准状态）	mg/m^3	1	2
总浮悬颗粒物（标准状态）	mg/m^3	2	4
恶 臭	稀释倍数	50	70

表 2-11 环境空气污染物基本项目浓度限值

污染项目	平均时间	浓度限值	
		一级	二级
二氧化硫（SO_2）（$\mu g/m^3$）	年平均	20	60
	24h 平均	50	150
	1h 平均	150	500
二氧化氮（NO_2）（$\mu g/m^3$）	年平均	40	40
	24h 平均	80	80
	1h 平均	200	200
一氧化碳（CO）（mg/m^3）	24h 平均	4	4
	1h 平均	10	10
臭氧（O_3）（$\mu g/m^3$）	日最大 8h 平均	100	160
	1h 平均	160	200
颗粒物（颗径≤10μm）（$\mu g/m^3$）	年平均	40	70
	24h 平均	50	150
颗粒物（颗径≤2. 5μm）（$\mu g/m^3$）	年平均	15	35
	24h 平均	35	75

表 2-12　环境空气污染物其他项目浓度限值

污染项目	平均时间	浓度限值（μg/m³）	
		一级	二级
总悬浮颗粒物	年平均	80	200
	24h 平均	120	300
氮氧化物	年平均	50	50
	24h 平均	100	100
	1h 平均	250	250
铅	年平均	0.5	0.5
	季平均	1	1
苯并（a）芘（BaP）	年平均	0.001	0.001
	24h 平均	0.002 5	0.002 5

2. 羊舍有害气体及其危害

（1）氨（NH_3）。在羊舍内，氨大多由含氮有机物（如粪、尿、饲料、垫草等）分解而来。其含量的多少，取决于羊的养殖密度、羊舍地面的结构、舍内通风换气情况和舍内管理水平等。

氨的比重较小，因此，在羊舍地面含量较高，特别是在空气潮湿的畜舍内。如果舍内通风不良，水汽不易逸散，那么，舍内氨的含量就更高了。

氨对羊的危害主要表现在：

第一，在畜舍中，氨常被溶解或吸附在潮湿的地面、墙壁和羊的黏膜上。氨能刺激黏膜，引起黏膜充血、喉间水肿。

第二，氨被羊吸入呼吸系统后，可引起上呼吸道黏膜充

血、支气管炎，严重者引起肺水肿、肺出血等。低浓度的氨可刺激三叉神经末稍，引起呼吸中枢的反射性兴奋。吸入肺部的氨，可通过肺泡上皮组织，引起碱性化学性的灼伤，使组织溶解、坏死；还能引起中枢神经系统麻痹，中毒性肝病，心肌损伤等症。

第三，引起羊的生长发育缓慢。当羊处在低浓度氨的作用下，体质变弱，对某些疾病产生敏感，采食量、日增重、生产力均下降，这种症状称为“氨的半中毒”或“慢性中毒”。如氨的浓度较高，可引起明显的病理反应和症状，这种症状称为“氨中毒”。

在寒冷地区，冬季为了保暖，尤其在夜间常紧闭门、窗。由于通风换气不良，羊舍内的氨易大量滞留，饲养人员在舍内工作，高浓度的氨刺激眼结膜，产生灼伤和流泪，并引起咳嗽。严重者可导致眼结膜炎、支气管炎和肺炎等，故羊舍内的氨对人的危害亦甚重要。人对于10mg/L的氨一般不易觉察，在20mg/L时已有感觉，50mg/L可引起流泪和鼻塞，100mg/L会使眼泪、鼻涕和口涎显著增多。

（2）硫化氢（H_2S）。在羊舍中，硫化氢主要是由含硫有机物分解而来。当羊采食富含蛋白质的饲料而消化不良时，可由肠道排出大量的硫化氢。硫化氢产生于地面和畜床，而且比重较大，故愈接近地面，浓度愈大。羊舍空气中硫化氢含量最高不得超过10mg/L，在通风良好的羊舍中，硫化氢浓度可在10mg/L以下，如果通风不良或管理不善，浓度则大为增加，甚至达到中毒的程度。

硫化氢的危害：

第一，硫化氢主要是刺激黏膜，当硫化氢接触到动物黏膜上的水分时，很快就溶解，并与黏液中的钠离子结合生成硫化钠，对黏膜产生刺激作用，引起眼结膜炎，表现流泪，角膜混浊，畏光等症状；同时引起鼻炎、气管炎、咽喉灼伤，以至于肺水肿。

第二，长期处在低浓度硫化氢的环境中，可导致羊的体质变弱，抗病力下降，易发生肠胃病、心脏衰弱等高浓度的硫化氢可直接抑制呼吸中枢，引起动物窒息和死亡。

第三，硫化氢可引起羊舍内工作人员的慢性中毒，其症状为眼球酸痛，有烧灼感，眼睛肿胀，畏光等，并引起气管炎和头痛。长期接触硫化氢，人头痛、恶心，心跳缓慢，组织缺氧和肺水肿等。H_2S 高浓度（900mg/m^3）时，可直接抑制呼吸中枢，引起窒息死亡。

3. 消除畜舍中有害气体的措施

消除羊舍中的有害气体是改善畜舍空气环境的一项重要措施。造成羊舍内高浓度的有害气体的原因很多，因此，消除舍内有害气体必须采取的综合措施。

第一，从羊舍卫生管理着手，及时消除粪尿污水。不使其在舍内分解腐烂。养殖场可通过对羊的调教训练，每日数次定时将生产羊赶到舍外去排粪排尿，可有效地减少舍内有害气体。

第二，从羊舍建筑设计着手，在羊舍内设计除粪装置和排水系统。

第三，注意羊舍的防潮。因为氨和硫化氢都易溶于水，当舍内湿度过大时，氨和硫化氢被吸附在墙壁和天棚上，并

随着水分透入建筑材料中。当舍内温度上升时，又挥发逸散出来，污染空气。因此，羊舍的防潮和保暖是减少有害气体的重要措施。

第四，羊舍内地面处理。主要是在羊床上应铺垫料，垫料可吸收一定量的有害气体，其吸收能力与垫料的种类和数量有关。一般麦秸、稻草或干草等对有害气体均有良好的吸收能力。在小型圈舍内可用干土垫圈，及时清圈。

第五，必须合理组织通风换气，以消除舍内的有害气体。当自然通风不足以排出有害气体时，还必须实行机械通风。

当采用上述各种措施后，还未能降低舍内氨臭时，只有采用过磷酸钙等吸附剂来消除之。应用过磷酸钙对减少圈舍内氨浓度有良好的作用，因为过磷酸钙能吸附氨，生成铵盐。

第六，科学使用添加剂，配制全价平衡日粮，提高机体对氮、硫的沉积量，尽量减少粪便中氮磷的含量。

4. 羊舍微粒（颗粒物）的危害与控制

羊舍微粒一部分是由舍外进入，另一部分是在饲养管理过程中产生。在分发干草、粉料、刷拭畜体、翻动垫草、打扫畜床和舍内地面时，均可使舍内微粒大量增加，使舍内全群羊很快受到感染。羊舍空气中的微粒一般在 $10^3 \sim 10^6$ 粒/m^3 之间，而在翻动垫草时，数量可增加数十倍。在封闭式羊舍中，如何消除或减少微粒传染已成为非常重要的卫生防疫措施之一。

微粒对家畜的危害：

第一，微粒降落在家畜体表，可与皮脂腺的分泌物、细毛、皮屑、微生物等混合在一起，黏结在肤上，使皮肤发痒，甚至发炎。同时，还能堵塞皮脂腺和汗腺，皮脂腺分泌受阻后可使皮肤缺乏油脂，表皮变得干燥脆弱，易遭损伤和破裂。汗腺分泌受阻，使皮肤的散热功能降低，此外，皮肤感受器的功能也受到影响。

第二，大量的微粒可被家畜吸入呼吸道内。>10μm 的微粒一般被阻留在鼻腔内 5～10μm 的微粒可到达支气管。5μm 以下的微粒可进入细支气管和肺泡，而 2～5μm 的微粒中夹带病原微生物，可使羊只感染。停留在肺组织的微粒，可通过肺泡间隙，侵入周围结缔组织的淋巴间隙和淋巴管内，并能阻塞淋巴管，引起尘肺病，尘肺病的主要症状是淋巴微粒潴留、结缔组织增生和肺组织坏死。

如果羊舍内空气湿度较大，微粒可吸收空气中的水汽，亦可吸附一部分氨和硫化氢等，此类混合微粒如沉积在呼吸道黏膜上，可使黏膜受到刺激，引起黏膜损伤。微粒愈小，其危害性亦愈大。一般空气潮湿，易使固态微粒吸收水汽，变重下沉，使呼吸道疾病减少。

消除空气中微粒的主要措施如下。

第一，在养殖场周围种植防护林带，可以减少外界微粒的侵入；场内在道路两旁的空地上种植牧草和饲料作物，可以减少场内尘土飞扬。

第二，粉碎饲料的场所或堆垛干草的场地应远离畜舍。

第三，最好改喂湿拌饲料或颗粒饲料。

第四，在更换或翻动垫草时，应趁羊群不在舍内时进行。

第五，禁止在羊舍内刷拭家畜。

第六，禁止干扫畜床地面。

第七，保证舍内有良好的通风换气，及时排出舍内的微粒。

（三）土壤环境质量标准要求

绵羊养殖场的土壤卫生条件须符合安全食品的生产条件，重金属等有害物质及病原体不得超标，不属于地方病高发区。无公害绵羊生产的牧草和饲料产地土壤环境质量应符合土壤环境质量标准（GB 15618—1995）二级标准的要求，详见表 2-13。

表 2-13　土壤环境质量标准（NT/T 1168—2006）

项目	土壤级别：二级（mg/kg）		
pH 值	<6.5	6.5~7.5	>7.5
镉≤	0.30	0.60	1.0
汞≤	0.30	0.50	1.0
砷水田≤	30	25	20
旱地≤	40	30	25
铜农田等≤	50	100	100
果园≤	150	200	200
铅≤	250	300	350
铬水田≤	250	300	350
旱地≤	150	200	250
锌≤	200	250	300
镍≤	40	50	60
六六六≤		0.50	
滴滴涕≤		0.50	

二、养殖场建设与质量控制

（一）温度

温度是影响羊群健康和生产力表现的首要环境因素。绵羊的适合温度一般为-3℃到23℃，山羊的适合温度一般为0℃到26℃。在此范围，羊的生产力、饲料利用率和抗病力都较高，饲养最为经济。温度过高，羊只散热困难，影响采食及休息等行为活动，降低了生产报酬；温度过低，则不利于羔羊的健康和存活，同时增加了能量消耗。公羊对高温的反应很敏感，高温对公羊的精液品质影响很大；高温对母羊生殖的也有不良作用，尤其在配种后的胚胎附植于子宫前的若干天内，很容易引起胚胎的死亡。羊舍温热环境要求详见表2-14。

表2-14　羊舍温热环境要求

项目	指标范围	
	羔羊	成羊
温度（℃）	10~25	5~30
湿度（%）	30~60	30~70
气流（m/s）	0.15~0.5	0.2~1.0
光照强度（Lx）	30	30~75
噪声（dB）	≤70	≤80

羊舍的防寒保温主要措施如下。

第一，加强羊舍的保温隔热设计。主要包括：选择有利保温的畜舍形式、增加外围护结构的热阻、减少畜舍外围护

结构面积、通过羊舍纵墙与当地冬季主风向平行或形成0°~45°角的朝向以减少冷风渗透、尽量少设门窗、羊舍地面的保温。

第二，加强防寒管理。主要包括：适当增加饲养密度、注意防潮、铺垫草、控制气流和防止贼风、利用温室效应防寒、通过在寒冷时提高日粮中的能量指标。

（二）湿度

高湿不利于羊的体热调节，会危害羊的健康。尤其是与环境极端温度共同影响的后果最为严重，比如高温高湿、低温高湿的环境。高温高湿容易导致各种病原性真菌、细菌和寄生虫的繁殖，羊只易患腐蹄病和内外寄生虫病。此外，饲料、垫料也容易腐败，从而引起羊的各种消化道疾病。环境温度适中时，羊对环境湿度的适应范围相对较宽。

一般情况下，干燥的环境对羊的生产和健康较为有利，尤其是在低温的情况更是如此，只有在温度特别高时，过分干燥的环境（相对湿度在40%以下）对羊的生产和健康才会带来影响。羊舍的空气相对湿度以50%~70%为宜。应保持干燥，地面不能太潮湿。为了控制羊舍的湿度，应做好羊舍的排水工作。

畜舍湿度主要控制措施：

第一，羊舍的通风有利于排除舍内多余水分，降低舍内相对湿度。由于羊的被毛层较厚，特别是绵羊，即使气流较大，也不会感到不适。在夏季，为促进机体散热，应尽可能保持良好的通风，冬季暖圈也应保持适当通风。羊舍的通风换气的方式只要包括借助自然界的风压和热压通风、安装通风管道装置通风和机械通风三种方式。通风换气的参数为：成年绵羊分别为 0.6～0.7m^3/只和 1.1～1.4m^3/只，羔羊分别为 0.3m^3/只和 0.65m^3/只。

第二，勤换羊舍垫草、垫土。

第三，使用除湿专用的吸附类药物等，但总体效果不如通风结合勤换垫草、垫土的效果。

（三）光环境

1. 光环境对生产的影响

羊属于完全季节性动物。尽管舍饲条件下某些羊的季节性发情已明显减弱，但对羊的繁殖、生产力和行为等仍具有直接影响。强烈的阳光辐射，对被毛稀疏的肉羊或剪毛不久的绵羊危害较大，容易引起皮肤灼烧或光照性皮炎。

光周期长短变化是羊季节性繁殖有规律地开始和终止的主要因素，一般公绵羊的精液质量在秋季日照缩短时最高。许多试验还表明，光照对羊毛的生长有一定的刺激作用。

2. 光环境控制

羊舍要求光照充足。采光系数控制在 1∶10～20（羔羊）和 1∶15～25（成年羊）就可保证羊舍内光照充足。绵羊昼夜需要的光照时间为：公母羊 8～10h，怀孕母羊 16～18h。

夏季应该给羊提供荫蔽的场所，改变饲喂时间为傍晚和清晨，减少强烈光照产生的大量热辐射对羊体热调节不利，尽量避免了对肉羊食欲的影响，保障正常的生长发育。

（四）环境噪声

噪声不但影响人的生活和健康，而且使羊产生应激，导

致其生产性能下降，畜产品品质变差，对疾病的抵抗力降低。

1. 养殖场内噪声的来源

养殖场的噪声主要来源是：

第一，外界传入，如飞机、火车、汽车、雷鸣等。

第二，场内机械产生，如铡草机、饲料粉碎机、风机、真空泵、除粪机、喂料机以及饲养管理工具的碰撞声。

第三，家畜自身产生的噪声。

2. 噪声的危害

噪声分贝由 75dB 增至 100dB，会使绵羊的平均日增重量和饲料利用率降低。还有试验表明，90dB 的噪声能使绵羊甲状腺激素的释放受抑制。另外，噪声会使羊只受惊，引起损伤。但资料表明，牛等家畜对于噪声都能很快适应，因而不再有行为上的反应。

3. 养殖场噪声的控制

控制养殖场的噪声应采取以下措施。

第一，选好场址，尽量避免外界干扰。养殖场不应建在飞机场和主要交通干线的附近。

第二，合理地规划养殖场，使汽车、拖拉机等不能靠近羊舍，还可利用地形做隔声屏障，使噪声得到降低。

第三，养殖场内应选择性能优良，噪声小的机械设备，装置机械时，应注意消声隔音。

第四，养殖场及羊舍周围应大量植树，可降低外来的噪声。据研究，30m 宽的林带可降低噪声 16%~18%，40m 宽度的发育良好的乔木，灌木林带可将噪声降低 27%。

（五）羊场废弃物无害化处理

羊场采用干清粪工艺，定点堆放、发酵腐熟，禁止未经无害化处理的羊粪直接施入农田。废弃物应实行无害化、资源化处理。粪尿可通过高温脱水干燥、堆肥发酵、沼气发酵等方法处理，或直接燃烧提供热能等。污水可通过物理处理、化学处理、生物处理等方法，达到净化排放的目的（表2-15）。

因传染病和其他需要处理的病羊，应在指定的地点进行扑杀。尸体应按《病死及病害动物无害化处理技术规范》（农医发〔2017〕25号）的规定进行无害化处理。该规范适用于国家规定的染疫动物及其产品、病死或者死因不明的动物尸体，屠宰前确认的病害动物、屠宰过程中经检疫或肉品品质检验确认为不可食用的动物产品，以及其他应当进行无害化处理的动物及动物产品。羊场病死及病害动物和相关动物产品的无害化处理主要包括焚烧法、化制法、高温法、深埋法和硫酸分解法。

表2-15　粪便无害化处理卫生标准（NT/T 1168—2006）

项　目	卫生标准
蛔　虫	死亡率≥95%
粪污大肠杆菌数	≤10^5 个/kg
苍　蝇	粪堆周边无蝇蛆、蛹和成蝇

三、饲料与饲料添加剂质量要求

（一）质量要求

饲草料品质直接影响畜产品的质量并且与人类健康息息

相关。饲草料品质要求可以参照《无公害食品肉羊饲养饲料使用准则》NY 5150—2002 的规定要求执行；有毒有害物质及微生物允许量应符合饲料卫生标准的要求。所使用的饲料原料应具有一定的新鲜度，具有该饲料品种应有的色、嗅、味和组织形态特征。

1. 粗饲料

青绿饲料不应发霉和变质。青饲料、牧草的种植要安全使用农药和合理使用化肥。青贮饲料应严格按青贮调制技术进行，其质量等级应在良好以上。青干草饲料应按青干草调制技术进行，其质量等级应在二级以上。生产中应严禁使用劣质青贮饲料和劣质青干草。

2. 精饲料

禁止使用不符合饲料卫生标准和质量标准的精饲料。精饲料和配合饲料的感官指标应色泽一致，无霉变、结块及异嗅、异味。不得添加《禁止在饲料和动物饮水中使用的药物品种目录》中规定的违禁药物。肉羊饲料中不应使用除蛋、乳制品外的动物源性饲料（如骨粉，肉骨粉等）和抗生素滤渣。

3. 饲料添加剂

感官要求具有该品种应有的色、嗅、味和组织形态特征。无发霉、结块、变质、异味及异嗅。

饲料中使用的饲料添加剂产品应是农业部允许使用的饲料添加剂品种目录中所规定的品种和取得产品批准文号的新饲料添加剂品种，禁止使用不符合饲料卫生标准和质量标准

的添加剂。配合饲料、浓缩饲料、精料补充料和添加剂预混合饲料中不应使用任何违禁药物。使用药物添加剂应遵守《饲料药物添加剂使用规范》并在出栏前按规定执行休药期。

（二）饲料引起的环境污染

饲料对环境的污染主要是指畜禽摄取饲料后，通过动物排出的粪便和气体对自然环境和生活环境产生污染。污染的途径包括：一是日粮的氨基酸不平衡或蛋白质水平偏高而引起消化代谢后随粪尿排出造成氮的污染；二是饲料中植酸磷难以被机体消化吸收而随粪便排出体外，引起水体的富营养化而造成磷的污染；三是饲料中大量使用微量元素含量超标造的重金属的污染；四是粪便中含氮物质造成养殖环境有害气体的污染；五是饲料因素导致环境的生物污染。

1. 氮的污染

畜禽排泄物中的氮主要来源于粪氮和尿氮。氮不仅污染周围的土壤和水质，而且通过发酵产生有害气体对周围空气造成直接污染。

氮污染的主要控制措施：

第一，配制低蛋白日粮。主要是运用理想蛋白质模式，利用合成氨基酸添加剂平衡日粮中的氨基酸，通过科学配制日粮而减少氮的排放。

第二，添加高效无公害添加剂。添加酶制剂可以消除饲料中相应的抗营养因子（如单宁、胰蛋白酶抑制因子、非淀粉多糖等），提高饲料的利用率。

第三，采用科学的饲养管理技术。实行分阶段和分群饲养，可以有效减少饲料浪费，降低氮的排泄。

●2. 磷的污染●

磷是造成水源和土壤污染的主要物质。谷物饲料中的植酸磷，在畜禽体内利用率不高，大部分随粪便排出体外，造成土壤和地下水的磷污染。过量的磷排入水体后，刺激藻类和其他水生植物，导致水中溶解氧耗尽，造成水体富营养化，进一步造成危害。

磷污染的主要控制措施如下。

第一，利用低植酸农作物。低植酸农作物可以降低饲料中植酸磷的含量，提高饲料中磷的利用效率，减少畜禽磷排泄。

第二，合理使用植酸酶。使用植酸酶可降低粪尿中磷的排出量。

第三，畜禽粪便的处理。通过对粪便采用固液分离、好气处理、厌氧处理以及微生物发酵处理等方法，可以有效减少粪便中的磷对环境造成的污染。

●3. 重金属的污染●

饲料因素导致的重金属污染，主要是由于饲料中重金属超标，畜禽不能完全吸收利用而通过粪尿排出体外形成的。

重金属污染的控制措施主要有：

第一，选择高效、低毒、安全的有机微量元素添加剂。有机微量元素的生物学效价比无机微量元素平均高出10%~25%。

第二，推广应用安全绿色的饲料添加剂。合理使用一些绿色添加剂（如酶制剂、益生素、功能性寡糖、中草药等），不仅可提高微量元素的利用率，还可促进其在动物机体的沉积，减少排泄物对环境的污染。

第三，微量元素添加系统化、科学化。应根据畜禽生理需求，进行科学配比，严格质量把关和生产控制，尽量避免对环境的污染。

第四，严格饲料原料质量。

4. 有害气体的污染

饲料中的蛋白质、糖类、脂类物质代谢中间产物和代谢最终产物经微生物分解会产生氨气、硫化氢、吲哚和挥发性脂肪酸等具有恶臭气味的物质，粪便经微生物发酵产生的氨气占农业生产中氨气总排放量的80%，对畜舍环境和外界自然环境均造成极大的危害。

有害气体污染的主要控制措施如下。

第一，提高畜禽对营养物质的利用率。饲料因素产生的有害气体主要是畜禽日粮中营养物质吸收不完全造成，因此，通过提高对饲料蛋白质的利用率而降低日粮中蛋白质含量，可间接减少氮的排出量。

第二，沸石等吸附剂的应用。可利用沸石、丝兰提取物、木炭、活性炭、煤渣、生石灰等具有对氨气、硫化氢、二氧化碳以及水分有很强的吸附力，可以降低畜禽舍内有害气体的浓度。

第三，实施科学饲养管理。对养殖场合理地饲养管理（如畜舍合理建造、及时通风换气、保持畜舍清洁卫生和合理

饲养密度等)，可以减少畜舍有害气体的排放。

5. 生物污染

饲料因素导致环境的生物污染，主要是由于饲料本身在储存过程中受到霉菌毒素、细菌毒素、饲料害虫等的污染，进而对周围环境造成污染。

生物污染的主要控制措施如下。

第一，霉菌毒素污染的控制（防霉和脱毒)。一是控制饲料原料的含水量。谷物饲料收获后必须迅速干燥，使含水量在短时间内降到安全水分范围内；二是控制饲料加工过程中的水分和温度。饲料加工后散热不充分即装袋、储存，会因温差导致水分凝结而易引起饲料霉变；三是注意饲料产品的包装、储存与运输。饲料产品包装袋要求密封性能好，应保证有良好的储存条件；四是应用饲料防霉剂。常用防霉剂主要是有机酸类或其盐类（如丙酸、山梨酸、苯甲酸、乙酸及其盐类)，目前，多采用复合酸抑制霉菌的方法；五是对已感染霉菌毒素的饲料必须采取脱毒措施。目前，饲料污染霉菌毒素的脱毒主要有物理去毒法（包括挑选霉粒法和碾轧加工法等）和化学去毒法（主要有氨处理和化学药剂处理)。

第二，致病性细菌污染的控制。动物源性饲料容易受到致病性细菌（如沙门氏菌）污染，应从原料选择、生产加工、运输储藏乃至销售饲喂各个环节加以控制，并正确使用防腐抗氧化剂。

四、卫生防疫要求

(一) 卫生防疫

严重危害绵羊生产的疾病主要有传染病、寄生虫病、营养代谢病和中毒，因此，在绵羊的无公害生产中应及早预防和诊治绵羊疾病，科学合理地使用兽药。应树立防疫意识，严格遵守有关兽医法规和规章制度，做到及时发现、迅速控制和扑灭。无公害肉羊生产的卫生防疫应符合无公害食品肉羊饲养兽医防疫准则（NY 5149—2002）的要求；防疫使用的兽药应符合无公害食品肉羊饲养兽药使用准则（NY 5148—2002）的要求，环境消毒，执行 NY/T 1167 标准，羊场防疫执行 NY 5126 标准。

要结合当地肉羊疫病发生、流行的实际情况，重点防范对当地危害较大的疫病。要针对本地区流行的疫病，制定疫病监控方案和免疫程序，选择疫苗和确定防疫时间，严格按照疫苗规定的免疫接种途径选用恰当的免疫方法，有选择地进行疫病的预防接种。

养殖场发生疫病时，应立即封锁现场，进行初步诊断，采集血液和病料送权威部门进行确诊，并尽快向当地动物防疫监督机构报告疫情。立即隔离病羊、及时进行诊断，并进行药物治疗。对健康羊和可疑感染羊要进行疫苗紧急接种或进行药物预防。同时，对养殖场进行彻底的清洗消毒，对病死羊或淘汰羊的尸体采取焚烧、深埋等措施进行处理。养殖场常规监控的疫病主要有口蹄疫、羊痘、蓝舌病、炭疽和布

鲁氏菌病等。

（二）卫生消毒

羊场要严格执行消毒制度，定期开展羊场内外环境消毒、羊只体表消毒、用具消毒。消毒药应符合 NY 5148 的规定。使用时要根据药物特性，保证消毒药安全高效、低毒、低残留。

羊场周围及场内污染池、排粪坑、下水道出口，每月用漂白粉消毒 1 次。在羊场、羊舍入口设消毒池并定期更换消毒液；工作人员入场要更换工作服、工作鞋，并经紫外线照射 5min 进行消毒。进出车辆和外来人员须严格消毒，要按指定路线行走。

每批羊出栏后，要彻底清扫羊舍，并进行消毒。定期对分娩栏、食槽、饲料桶等用具进行消毒；定期进行带羊消毒，减少环境中病原微生物。羊场的消毒方法包括喷雾消毒、浸液消毒、紫外线消毒、喷洒消毒、火焰消毒和熏蒸消毒。羊舍及环境常用消毒药的选择见表 2-16。

表 2-16　养殖场消毒药物选择参考

消毒种类	选用药物
饮水消毒	百毒杀、博灭特、过氧乙酸、漂白粉、强力消毒王、速效碘、超氯、益康、抗毒威、优氧净
带畜消毒	百毒杀、博灭特、新洁尔灭、强力消毒王、速效碘、过氧乙酸、益康
畜体消毒	益康、新洁尔灭、过氧乙酸、强力消毒王、速效碘
空闲畜禽舍消毒	百毒杀、博灭特、过氧乙酸、强力消毒王、速效碘、农福、畜禽灵、超氯、抗毒威、优氯净、苛性钠、福尔马林

（续表）

消毒种类	选用药物
用具、设备消毒	百毒杀、博灭特、强力消毒王、过氧乙酸、速效夹、超氯、抗毒威、优氯净、苛性钠
环境、道路消毒	苛性钠、来苏儿、石炭酸、生石灰、过氧乙酸、强力消毒王、农福、抗毒威、畜禽灵，百毒杀，博灭特
脚踏、轮胎消毒（槽）	苛性钠、来苏儿、百毒杀、博灭特、强力消毒王、农福、抗毒威、超氯、农福、畜禽灵
车辆消毒	苛性钠、来苏儿、过氧乙酸、速效碘、超氯、抗毒威、优氯净、百毒杀、博灭特、强力消毒王
粪便消毒	漂白粉、生石灰、草木灰、畜禽灵

第三章 肉羊饲养管理技术与质量控制

第一节　常用饲料种类及特点

随着养殖业的快速发展，对肉羊饲料配制技术的要求也日渐提高。由于生理消化结构的特点，反刍动物与单胃动物在采食、消化、代谢、利用营养物质方面有着较大的差别，因此，科学合理的利用饲草料资源及在此基础上科学配制日粮对养羊业有重要意义。

一、肉羊常用饲料与使用规范

一切能被动物采食、消化、利用，并对动物无毒无害的物质，皆可作为动物的饲料。饲料中凡能被动物用以维持生命、生产产品的物质，称为营养物质，简称养分。肉羊常用饲草料大致分为以下 7 种。

1. 青绿、多汁饲料

该类饲料是指在植物生长繁茂季节收割，在新鲜状态下饲喂牲畜。这类饲料一般鲜嫩适口，富含多种维生素和微量元素，是各种畜禽常年不可缺少的辅助饲料。根据不同性质、

特点，可分为以下几种。

（1）青割（刈）饲料。根据饲料作物长势或生育阶段和畜禽饲养的要求，在作物生长季节，按需要量每天进行刈割，切碎、粉碎或打浆饲喂畜禽，如苜蓿、草木樨、秣食豆、籽粒苋、小冠花、柱花草等。在南方几乎可常年利用，在北方主要是夏秋季节。这类饲料一般适口性强，营养丰富，是各种畜禽必备的饲料。

（2）青贮饲料。在饲料作物单位面积营养物质产量最高，适口性最好，饲料质地最佳的鲜嫩状态时，适时收割，调制成青贮饲料，供畜禽在冬春（或全年）缺乏青饲料时饲喂。常见的青贮饲料有玉米、甜高粱、籽粒苋、甜菜（或蔬菜）叶、野草和野菜等。

（3）块根、块茎饲料。这类饲料多在冬春季节作为辅助饲料利用，属于多汁饲料。是乳牛泌乳期不可缺少的饲料。常见的有胡萝卜、甘薯、饲用甜菜、马铃薯和木薯等。

（4）瓜类饲料。这类饲料水分含量在90%以上，是典型的多汁饲料。含糖量较高，适口性好，也是乳牛的好饲料。常见的有饲用南瓜、西胡芦和冬瓜等。

（5）野草、野菜及枝叶饲料。在夏秋季节山坡、荒地和田间生长的许多野草、野菜，不仅可用作放牧，也可采集回来，调制成发酵饲料或青贮饲料。常见的有：谷莠子、水稗草、灰菜、苋菜、萹蓄和苍耳等。树叶也是牲畜的好饲料，在间伐林木或修枝打杈时砍下的嫩枝树叶均可饲喂牲畜。常见的有槐树叶、榛柴叶、杨树叶和胡枝子嫩枝叶等。

（6）水生饲料。随着水产养殖业的不断发展，适于养殖

水生饲料的水面也在扩大；不仅我国南方素有利用水生饲料的习惯，近年来在我国北方也广为利用。水生饲料生长快，适口性好，营养丰富，栽培管理简便，生产成本低，深受群众欢迎。常见的有水葫芦、水浮莲、细绿萍和水花生等。

2. 干草、秸秆类饲料

干粗饲料是各种家畜不可缺少的饲料，对促进肠胃蠕动和增强消化力有重要作用；它还是草食家畜冬春季节的主要饲料。特点是纤维素含量高（25%~45%），营养成分含量较低，有机物消化率在70%以下，质地较粗硬（秸秆饲料）和适口性差（栽培牧草例外）。干粗饲料种类很多，其品质和特点差异也很大。主要有以下3类：

（1）野干草。在天然草地上采集并调制成的干草称为野干草。由于草地所处的生态环境、植被类型、牧草种类和收割与调制方法等的不同，干草品质差异很大。东北及内蒙古东部的羊草甸草原上所产的羊草，如能在8月上中旬收割，干燥过程中不被雨淋，就能调制出优质干草，粗蛋白达6%~8%。野干草是广大牧区牧民们冬春必备的饲草，尤其是在北方地区。

（2）栽培牧草干草。在我国农区和牧区人工栽培牧草已达400万~500万 hm^2。各地因气候、土壤等自然环境条件不同，主要栽培牧草有近50个种或品种。三北地区主要是苜蓿、草木樨、沙打旺、红豆草、羊草、老芒麦、披碱草等，长江流域主要是白三叶、黑麦草，华南亚热带地区主要是柱花草、山玛璜、大翼豆等。用这些栽培牧草所调制的干草，质量好，产量高，适口性强，是畜禽常年必需的主要饲料成分。

（3）秸秆饲料。农作物的秸秆和颖壳的产量约占其光合作用产物的一半，我国各种秸秆年产量约5亿~6亿t，约有50%用作燃料和肥料，另50%用作家畜饲料，是家畜粗饲料的主要来源。但秸秆饲料一般质地较差，营养成分含量较低，必须合理加工调制，才能提高其适口性和营养价值。我国秸秆饲料的主要种类有稻草、麦秸、玉米秸、豆秸、甘薯秧和花生秧等。各地群众都有利用的习惯和经验。

3. 精饲料

精饲料又称精料或浓厚饲料。一般体积小，粗纤维含量低，是消化能、代谢能或净能含量高的饲料。精饲料是各种畜禽生长、繁殖和生产畜产品必不可缺少的饲料。根据其性能与特点，可分为以下几种。

（1）禾谷类饲料。一般指禾本科作物籽实饲料，如玉米、高粱、小麦等。这类饲料无氮浸出物（主要是淀粉）含量高，一般为75%~83%，粗蛋白质8%~10%，矿物质中磷多钙少。是畜禽的热能饲料。

（2）豆类与饼粕饲料。豆类籽实作为饲料的种类较多，主要有饲用大豆（秣食豆）、豌豆、蚕豆等。饼粕类饲料主要有豆饼、豆粕、棉籽饼、菜籽饼、花生油饼等。这两类饲料的共同特点是粗蛋白质含量较高，占35%~45%，是畜禽蛋白饲料的主要来源。

（3）糠麸类饲料。这类饲料的无氮浸出物（53%~64%）和粗蛋白质（12%左右）含量都很高，其营养价值相当于籽实饲料。矿物质含量也较高，而且磷高于钙，还含有籽酸盐，

故有轻泻作用，胡萝卜素含量较低，但 V_{B_1}，尼克酰胺含量极为丰富。米糠中脂肪含量可达 13.7%，是全价饲料中不可缺少的组成成分。

(4) 糟渣类饲料。此类饲料是指食品加工业的副产品，如酒糟、醋糟、酱渣、粉渣、豆腐渣、粉渣、甜菜渣、糖蜜等。这些饲料由于原料与制造方法不同，营养物质含量差异很大。它们的粗纤维含量低于 20%，粗蛋白质含量 7%~26%，无氮浸出物 30%~55%，是家畜的辅助精饲料。

4. 矿物质饲料

矿物质饲料主要是钙、磷、钠、氯和铁等无机元素的补充饲料。经高压蒸煮过的骨粉，其主要成分为磷酸钙，其中钙 38.7%，磷 20%。贝壳粉及石灰石的主要成分为碳酸钙。植物性饲料，大多缺少钠和氯，所以，在畜禽日粮中要添加食盐。

5. 维生素饲料

维生素是生物生长和代谢所必需的微量有机物。已知的有 20 余种维生素，分为脂溶性和水溶性两大类。脂溶性维生素能溶于脂肪，包括 V_A、V_D、V_E、V_K 等；水溶性维生素能溶于水，主要有 B 族维生素（V_{B_1}、V_{B_2}、V_{B_6}、$V_{B_{12}}$）和 V_C。当动物缺乏维生素时，就不能正常生长，并可发生特异性病变——维生素缺乏症。当畜禽饲料中缺乏某种维生素时，可以用人工制造的维生素补充。

6. 添加剂

添加剂指添加到饲料中的微量物质。大致可分为 5 类：

一是营养物质添加剂，如各种维生素、氨基酸与微量元素，以补充饲料中这类营养物质的不足；二是生长促进剂，如某种抗生素、激素、砷制剂和喹多星等；三是驱虫保健添加剂，如呋喃唑酮可防治鸡的球虫病；四是抗氧化剂，可防止饲料中 V_A、V_E、V_D 及胡萝卜素与叶黄素因氧化而破坏，也可阻止动物脂肪因氧化而酸败；五是其他添加剂，如促进产乳、提高适口性、防霉、去臭、镇定等添加剂。饲料添加剂一般用量微小，仅占日粮的百万分之几，在使用时必须用性能良好的混合搅拌机，充分搅拌均匀，才能保证饲用安全。

7. 其他特殊饲料

除上述这些常规饲料之外，还有某些特殊饲料，如饲料酵母，是造纸工业和制糖工业的副产品。它是由酵母培养大量繁殖，所以蛋白质含量高，一般为45%~65%，无氮浸出物25%以上，粗脂肪20%以上。特别是含B族维生素丰富，是优质蛋白质和维生素的补充饲料。

二、配合饲料分类与特点

随着集约化饲养的发展以及全封闭养殖管理环境的出现，使动物处于基本上与自然环境隔绝的条件下，其所需营养物质完全取之于养殖业者所提供的饲料，所以，全价营养供应问题日趋突出。加之遗传育种工作的进展，大大提高了动物的生产性能，也使动物对营养物质供应的要求更加苛刻。为此，产生了全价营养日粮的产品，以满足不同生产用途的各种动物对各种营养物质的要求，保证养殖业的高效、安全

生产。

配合饲料是指满足一头（只）动物一昼夜（24h）所需各种营养物质而提供的各种饲料总量。通常绝大多数的动物是群饲，单独饲喂的情况较少，所以，生产中通常是为同一生产目的大群动物配制的饲料。

（一）按营养成分分类

1. 添加剂预混合饲料

可简称预混料，是一种或多种饲料添加剂与适当比例的载体或稀释剂配制而成的均匀混合物。预混料不能单独饲喂动物，只有通过与其他饲料原料配制成全价饲料后才能饲喂动物。

2. 浓缩饲料

这是由预混合饲料、蛋白质饲料及常量矿物质饲料组成，只有在加入能量饲料后才能饲喂动物。

3. 全价配合饲料

通常所说的配合饲料的原料构成有能量饲料、蛋白质饲料、常量矿物质饲料、微量元素添加剂、氨基酸添加剂和维生素添加剂。此外，全价配合饲料中还常有非营养性添加剂。

4. 精料补充料

精料补充料是反刍动物用的配合饲料，是与粗饲料、青绿饲料一起使用的一种饲料产品。目的在于补充粗饲料所缺乏的养分，增进整个饲料的营养平衡效能。精料补充料的原料构成通常为能量饲料、蛋白质饲料、常量矿物质饲料、微量元素和维生素添加剂等。精料补充料是一种半日粮型配合饲料，可供反刍动物直接饲喂。

（二）按成品状态分类

1. 粉料

粉料配合饲料是按配方规定的比例，将多种原料经清理、粉碎、配料和混合而成的粉状成品，是目前我国大多数的配合饲料工厂采用的主要形式，其细度一般在2.5mm以下。粉状配合饲料养分含量均匀，饲喂方便，生产加工工艺简单，加工成本低。但在储藏和运输过程中养分易受外界环境的干扰而失活，易引起动物挑食，造成饲料浪费。

2. 颗粒饲料

这是将配合好的粉状饲料在颗粒机中经蒸汽调质、高压压制而成的直径可大可小的颗粒状饲料。颗粒饲料的特性：一是可避免动物挑食，保证采食的全价性；二是在制粒过程中的蒸汽压力有一定灭菌作用；三是在贮存和运输过程中能保证均匀而不会自动分级；四是由于在制粒过程中要加入糖类和油脂，因而也改善了饲料的适口性；五是在加工过程中由于加热加压处理，部分维生素、酶的活性受到影响，生产成本比较高。

3. 膨化饲料

膨化饲料是粉状配合饲料通过膨化机后，形成具有较大空隙的颗粒饲料。其方法是把混合好的粉状饲料加水加湿变成糊状，在10~20s内瞬时加热到120~170℃，然后挤出膨化腔，使物料骤然降压，水分蒸发，体积膨胀，然后切成适当大小的颗粒饲料。它是养鱼业饲料的重要形式，多用来做淡

水养殖业的饲料。

4. 压扁饲料

将谷物籽实去皮（牛的饲料可不去皮），加16%的水，通过蒸汽加热到120℃左右，用压扁机压制成片状，冷却后即成压扁饲料。它能提高饲料消化率和能量利用效率，这种饲料形式多为牛的精料补充料。

5. 液体饲料

这是将多种饲料按比例混合，并用液体搅拌机搅拌均匀的流质饲料成品。主要指幼畜的代乳料，又称之为人工乳。

6. 块状饲料

主要是为反刍动物补充尿素等非蛋白含氮物、食盐和微量元素而生产的一种供动物自由舔食的饲料形式。

（三）配合饲料的特点

配合饲料有以下特点。

第一，提高了饲料的营养价值和经济效益。配合饲料是以动物的营养和生理特征为基础，根据其在不同情况下的营养需要、饲料法规和饲料管理条例，有目的地选取不同饲料原料均匀混合在一起，使饲料中的营养成分可以充分发挥互补作用，且保证活性成分的稳定性、进而提高饲料的营养价值和经济效益。

第二，能充分合理高效地利用各种饲料资源。配合饲料是由粮食、各种加工副产品、植物茎叶、矿物质饲料及微量添加剂等配合而成。由于配合饲料原料多样化，可使上述各方面饲料资源得到充分利用。

第三，可充分利用各种饲料添加剂。配合饲料能运用各种饲料添加剂，可加速畜体生长、减少疾病发生，提高饲料利用率。

第四，可减少养殖业的劳动支出，实现机械化养殖，促进现代化养殖业的发展。

第二节　饲料加工调制及饲喂要求

谷物类精料是以玉米为大宗来源，一般饲喂的粉碎细度要求在2mm左右即可。一般情况下，除了3月龄以内的羔羊以外不可全精料饲喂；饼粕类蛋白质饲料一般为农产品加工的副产品，无需再过度粉碎，按比例要求混合入日粮，搅拌均匀即可饲喂；用量最大且必不可少的还是粗饲料。粗饲料会增强肉羊反刍功能，提高饲料的利用率，降低饲养成本。在饲草料调制方面也是以粗饲料为主要方向；粗饲料类的大宗粗原料还是以青干草、青贮和微贮为主。概括来说，对粗饲料的加工处理鲜方式为鲜青草直接饲喂或略作切段饲喂，干草粉碎至长度1~2cm饲喂，青贮和微贮则需要对饲草原料调制后饲喂。

一、干草的调制

在各种饲草作物中，以豆科类干草饲用价值最好。但在广大农区，秸秆饲料是草食家畜的主要粗饲料来源，主要包括玉米秸、稻草、谷草、豆秸、花生秧、地瓜秧等。这些农副产品如果直接用来饲喂肉羊，其利用率很低，适口性极差。

为了改善上述粗饲料品性，国内外普遍采用对粗饲料加工与调制，增加其饲用价值，降低生产成本。

●1. 物理调制法●

该法较为简单，常用机械切短，膨化或粉碎的方法，以改善粗饲料品质，提高肉羊对其采食量，增加其消化率。

（1）切碎处理。切碎的目的是便于肉羊咀嚼，减少饲料的浪费，也便于与其他饲料进行合理搭配，提高其适口性，增加采食量和利用率，同时又是其他处理方法不可缺少的首道工序。近年来，随着饲料工业的发展，世界上许多国家将切碎的粗饲料与其他饲料混合压制成颗粒状，这种饲料利于贮存、运输，适口性好，营养全面。

在粗饲料进行切碎处理中，切碎的长度一般为 0.8~1.2cm 为宜。填加在精料中的粗饲料长度宜短不宜长，以免羊只挑食精料而剩下粗饲料，降低全价饲料的利用率。

（2）热喷处理。热喷处理是将秸秆、秕谷等粗饲料装入热喷机中，通入热饱和蒸气，经过一定时间的高压热处理后，突然降低气压，使经过处理的粗饲料膨胀，形成爆米花状，促使其色香味发生变化。这样处理粗饲料其利用率可提高 2~3 倍，又便于贮存与运输。

●2. 化学调制法●

粗饲料化学处理方法国内外已积累很多经验，其中，如碱化处理中苛性钠处理法、氨处理法；酸处理中蚁酸和甲醛处理法以及酸碱混合处理法等。这种处理方法成本较高，现场处理难度大，效果不是很理想，一般农户操作困难，基本已经远离常规生产。

3. 微生物调制法

微生物调制法是利用某些细菌、真菌的某种特性，在一定温度、湿度、酸碱度、营养物质条件下，分解粗饲料中纤维素、木质素等成分来合成菌体蛋白、维生素和多种转化酶等，将饲料中难以消化吸收的物质转化为易消化吸收的营养物质的过程。以青贮和微贮为代表的微生物处理手段发展迅速，在实践中也能大面积推广应用。

二、青贮饲料调制技术

调制青贮饲料不需要昂贵设备和高超技术，只要掌握操作要领就能成功。

1. 适时收割

根据青贮对象，适时收割。玉米全株青贮在蜡熟期至黄熟期，玉米秸秆青贮在籽粒熟末期，高粱在穗完全成熟后，稻草在割下水稻立即脱粒后，甘薯在早霜前叶未黄时收割。

2. 合理制作

青贮饲料的制作过程如下。

第一，首先将青贮原料切短至1~2cm。

第二，水分适宜，青贮饲料含水量70%为宜。

第三，将切碎青贮料装入青贮设备中（青贮塔、窖、塑料袋等），逐层压实或踩实装满。

第四，密封是青贮饲料成功与否关键因素之一。密封的

目的是使具有厌氧要求的乳酸菌快速繁殖，达到一定浓度，从而抑制腐败细菌的生长，延长保存时间。

●3. 注意事项●

第一，再密封。青贮窖等贮后5~6天进入乳酸发酵期，青贮料体积减少，密封层下降，应立即再培土密封，以防漏气使青贮料腐败变质。

第二，防止踩压。无论青贮窖还是青贮袋，应防止踩压出现漏洞、透气而变质。

第三，防止进水。青贮饲料进水会导致腐烂变质，因此青贮塔应不漏雨、漏水，青贮窖要有排水沟，青贮袋应不漏气等。

三、微贮饲料调制加工技术

秸秆等粗饲料微贮就是在农作物秸秆中，加入微生物高效活性菌种——秸秆发酵活干菌，放入密封容器（如水泥窖、土窖、塑料袋）中贮藏，经一定的发酵过程使农作物秸秆变成具有酸、香味的饲料。

秸秆微贮成本低、效益高。每吨微贮饲料只需3g秸秆发酵活干菌。经试验测定，在同等饲养条件下，秸秆微贮优于或相当于秸秆其他处理方法。秸秆微贮粗纤维的消化率可提高20%~40%，肉羊对其采食显著提高，在添到肉羊日采食量40%时，肉羊日增重达250g左右水平。秸秆微贮加工方法如下。

1. 活干菌液配制

将 3g 左右秸秆发酵活干菌溶入 200mL 自来水中，在常温下静置 1~2h，然后将菌液倒入充分溶解的 1%食盐溶液中拌匀，用量见表 3-1。

表 3-1 不同秸秆类型活干菌液配制参考

种类	重量（kg）	活干菌用量（g）	食盐用量（kg）	水用量（L）	微贮料含水量（%）
稻草、麦秸秆	1 000	3.0	12	1 200	60~65
黄玉米秸秆	1 000	3.0	8	800	60~65
青玉米秸秆	1 000	1.5		适量	60~65

2. 微贮饲料调制

将秸秆等粗饲料粉碎，其长度以 0.8~1.5cm 为宜，将配制好的菌液和秸秆粉等充分搅拌均匀，使其含水量在 60%~65%水平，然后逐层装入微贮窖或塑料袋中压实，经 30 天发酵后，即可饲用。微贮饲用时间冬季稍长。在夏季，微贮饲料发酵 10 天左右即可饲喂。

3. 注意事项

第一，用窖微贮，微贮饲料应高于窖口 40cm，盖上塑料薄膜，上盖约 40cm 稻草、麦秸秆、后覆土 15~20cm，封闭。

第二，用塑料袋微贮，塑料袋厚度须达到 0.6~0.8mm，无破损，厚薄均匀，严禁使用装过有毒物品的塑料袋及聚氯乙稀塑料袋，每袋以装 20~40kg 微贮料为宜。开袋取料后须立即扎紧袋口，以防变质。

第三，微贮饲料喂养肉羊须有一渐进过程，喂量由少至多，最后可达日采食量40%水平。

四、青贮饲料与饲喂要求

青贮饲料是一种优质多汁饲料，但主要作为草食家畜的粗饲料，多汁且性凉，有轻泻作用，所以，在饲喂时要与干草、秸秆和精饲料搭配使用。应采取逐渐增加饲喂量的方式，使之逐渐习惯。先空腹饲喂青贮饲料，再喂其他草料；也可先将青贮饲料拌入精饲料中喂，再喂其他草料；或者将青贮饲料和其他草料拌在一起饲喂。此外，在饲喂时，要注意搭配合理。根据不同畜禽的生长期，掌握好饲喂用量。青贮饲料虽好，但因为含水量高，干物质少，单一饲喂不能满足畜禽营养需要，尤其是妊娠、泌乳母畜，种公畜和生长肥育家畜的营养需要。必须与精饲料和其他饲料按畜禽营养需要来合理搭配。

（一）饲喂方法

1. 直接饲喂

传统饲养条件下多直接饲喂，采用“先粗后精”的原则，先将青贮和干草混合饲喂，再饲喂精饲料。青贮饲料是优质多汁饲料，可作为反刍动物的主要粗饲料，经过短期训饲，均喜采食。喂量应由少到多，逐渐适应。对个别适应较慢的家畜，可在空腹时先喂青贮料，最初少喂，约为正常喂量的10%，以后逐步增多，然后再喂草料；或将青贮料与精料混拌后先喂，然后再喂其他饲料；或将青贮料与草料拌匀同时

饲喂。

2. 制作全混合日粮

制成全混合日粮（TMR）饲喂肉羊效果更好。TMR 搅拌车通过内部的绞龙将粗饲料切短后再与精料充分混合，因此能够使家畜采食到精粗比例稳定、各成分混合均匀的日粮，避免挑食，提高采食量和消化率，减少饲料浪费，减少瘤胃酸中毒，降低肉羊发病率。

（二）饲喂次数

青贮饲料的饲喂频率以每天饲喂 3~4 次为最好。饲喂频率大一些，可增加肉羊的反刍次数和产生的唾液量，从而有助于缓冲胃酸，促进氮素循环利用，促进微生物对饲料的消化利用。饲喂频率太低，一方面会增加肉羊瘤胃的负担，降低饲料的转化率，易引起前胃疾病；另一方面是影响肉羊的消化率，造成肉羊和乳脂率下降。

（三）青贮饲料使用注意事项

1. 开窖时应避开恶劣天气

青贮饲料要密闭发酵 6~7 周，待品质俱佳时才能饲喂给家畜。从青贮窖内取出青贮饲料时，要避免高温烈日直晒和严寒冰冻的天气。高温易引起二次发酵，使发酵好的饲料变质腐烂，特别怕雨水浸入。冬季青贮饲料易结冰，饲喂畜禽后，母畜会引发流产，也会影响消化系统功能。在冬季饲喂青贮饲料时，要随取随喂，可防止青贮饲料挂霜或冰冻，最好放在畜舍内或暖棚里。饲喂过程中，如发现牲畜有腹泻现象，应减量或停喂，待恢复正常后再继续饲喂。

2. 每次取用要适当

青贮窖一旦打开就要连续使用，随喂随取，每次吃多少取多少，不宜放置过夜后饲喂。饲喂青贮饲料要经常注意饲槽的清洁，饲喂后剩余的青贮饲料应立即从饲槽中清除出去。

3. 与其他饲料搭配使用

在饲喂时，要注意青贮饲料与秸秆、精饲料等其他饲料的搭配，配比要适当，且青贮饲料的用量要由少到多逐渐递增，一般不超过家畜日粮的50%，并且饲喂量要合适。青贮饲料含有大量有机酸，具有轻泻作用，饲喂妊娠家畜时应格外小心。用量不宜过大，以免引起流产，尤其是在产前、产后20~30天不宜饲喂。用青贮饲料饲喂母羊，应在挤奶后进行，切忌在挤奶间内存放青贮饲料，以免影响羊奶的气味。劣质的青贮饲料有害畜体健康，易造成流产，不能饲喂。

4. 先驯饲后喂用

青贮饲料具有酸味，在开始饲喂时，有些羊不习惯采食，为使其有个适应过程，应加以驯饲，喂量宜由少到多、循序渐进。可采取上层放干草或青饲料，下层放青贮饲料，或空腹时先饲喂。也可将青贮饲料与其他饲料混合饲喂等方法进行驯饲，即第一次先用少量青贮饲料与少量精饲料混合、充分搅拌后饲喂，使牲畜不能挑食。经过1~2周不间断饲喂，多数牲畜一般都能很快习惯，然后再逐步增加饲喂量。

饲喂青贮饲料最好不要间断，一方面防止窖内饲料腐烂变质，另一方面牲畜频繁变换饲料，容易引起消化不良或生产不稳定。

5. 可用石灰水减轻其酸味

有时青贮饲料的酸味太重，如饲喂家畜会出现腹泻，此时应停止饲喂。可用1%~2%石灰水对此类青贮饲料进行中和处理，以鼻闻、口尝无强烈酸味方可。

6. 及时密封窖口

青贮饲料取出后，应及时密封窖口，以防青贮饲料二次发酵而腐败变质。

（四）青贮饲料饲喂肉羊技术要点

青贮饲料是羊的一种良好的粗饲料，一般占日粮干物质的50%以下。饲喂青贮饲料的幼羔，生长发育良好。饲喂青贮饲料的成年绵羊，肥育加速，毛的生长加快。青贮饲料虽然是一种优质饲料，但饲喂时必须按羊的营养需要与精料和其他饲料进行合理搭配。第一次饲喂青贮饲料有些羊只可能不习惯，可将少量青贮饲料放在食槽底部，上面覆盖一些精饲料，喂量应由少到多，在羊只慢慢习惯后再逐渐增加饲喂量。喂青贮料后，仍需喂给精料和干草。每天根据喂量，用多少取多少，否则容易引起青贮饲料腐臭或霉烂。劣质的青贮料不能饲喂，冰冻的青贮料应待冰融化后再喂。妊娠家畜应适当减少青贮饲料喂量，妊娠后期停喂，以防引起流产。应根据青贮饲料的饲料品质和发酵品质来确定适宜的日喂量。肉羊青贮饲料的饲喂量为每只每日5~8kg、羔羊为0.5~1kg，但不同生长期的羊要适当增减喂量。

1. 肉羊的饲喂要点

第一，应按照肉羊不同生长阶段，根据青贮饲料品质、

营养成分含量，配制精料补充料，以满足营养要求。

第二，由于青贮饲料呈酸性，为调节肉羊体内酸碱平衡及改善饲料适口性，需在青贮型日粮中添加小苏打等中和剂。

2. 繁殖母羊饲喂要点

第一，以玉米秸秆青贮为基础原料，根据繁殖母羊不同生长阶段添加相应精料补充料，以此调节日粮营养。妊娠前期膘情好的母羊，适当补饲精饲料即可。妊娠后期，胎儿生长发育快，应增加精饲料比例，在产前40~21天增至日粮的18%~30%。精料补充料按照豆粕17.5%、菜籽饼75%、石粉5%、1%的预混料2.5%的日粮组成进行配制。

第二，每只羊每天饲喂小苏打0.3g，食盐按日粮干物质的0.6%添加，拌在青贮饲料中，精饲料、粗饲料用人工搅拌或机械搅拌均匀，混合饲喂。

3. 肥育羊饲喂要点

第一，肥育羊按照精饲料20%、玉米青贮70%、青苜蓿（苜蓿青贮）10%的日粮组成进行配制。

第二，每只羊每天饲喂小苏打0.3g，食盐按日粮干物质的0.8%添加，拌在青贮饲料中，精、粗饲料用人工或机械搅拌均匀，混合饲喂。

从目前的饲养情况来看，无论是规模养羊场，还是个体户养羊场，青贮饲料都应是主导饲料，常年饲喂青贮饲料经济实惠。

第三节　全价日粮配合技术要点

一、肉羊饲料配制原则与步骤

（一）配制的原则

通常按反刍动物的营养需要和饲料营养价值配制出能够满足反刍动物生活、增重、产奶等生理和生产活动所需要的日粮。配制反刍动物日粮或补饲用的精料补充料的一般原则是：

第一，根据反刍动物在不同饲养阶段和日增重、产奶量的营养需要量进行配制，但应注意品种的差别，例如，绵羊和山羊各有不同的生理特点。

第二，根据反刍动物的消化生理特点，合理地选择多种饲料原料进行搭配。并注意饲料的适口性；注重反刍动物对粗纤维的利用程度，及其所决定的营养价值的有效性，实现配方设计的整体优化。

第三，考虑配方的经济性，提高配合饲料设计质量，降低成本。饲料原料种类越多，越能起到原料之间营养成分的互补，越利于营养平衡。

第四，饲料的原料必须是安全的，从外观看是干净的，没有变质、腐败等情况，从化验分析结果看是正常的，没有污染、无毒害物质。

第五，设计配方时，某些饲料添加剂的使用量、使用期限要符合法规要求，同时注意保持原有的微生物区系不受破坏。

第六，以市场为目标进行配方设计，熟悉市场情况，了解市场动态，确定市场定位，明确客户的特色要求，产品要满足不同用户的需求。

（二）配制的步骤

生产中，饲料的配制是按照所饲养的对象（群体）来配制日粮。配制日粮的方法和步骤有多种。一般所用饲料种类越多，选用营养需要的指标越多，计算过程就越复杂。通常小规模养殖或农户因饲料不能固定可用试差法手工计算。

试差法的计算步骤是：

第一步　确定配方的基础群体性质。根据群体（羊）的平均体重、日增重或产奶水平作为日粮配方的基本依据。

第二步　确定生产的营养需要。根据确定的（肉羊、奶羊）所在的饲养群体求出生产的实际营养需要。

第三步　确定每天营养总需要量。维持需要加上生产需要等于总需要量。

第四步　列出所选用饲料的各种营养成分和营养价值表。

第五步　日粮试配。首先考虑粗饲料和青饲料的供给量（如按每100.0kg体重饲喂2.0kg优质干草；3.0kg青饲料或4.0kg根茎类饲料可代替1.0kg干草；100.0kg体重饲喂1.0~2.0kg干草和3.0kg青贮饲料），不足部分，再用混合精料补充；混合精料的配制多以能量和蛋白质的百分比含量为准。配制总量占实际份额的97%~98%（具体预留份额要考虑添加剂、钙磷比等需要）。

第六步　在第四步配制原料浓度不变的基础上，多次改变原料实际用量的百分比，以降低日粮成本至最低。

第七步　在第五步的基础上，调整钙、磷、氯化钠、添加剂的实际含量，确保配制的日粮在百分之百范围内（不要超过百分之百）。

二、舍饲养羊与参考饲料配方

随着我国农业结构的调整，舍饲养羊技术的推广越来越得到各级政府和广大养殖户的重视。舍饲生产不仅可以有效保护生态环境，充分利用大量的农作物秸秆，同时也是提高我国肉羊养殖业生产水平的重要举措。在禁牧、舍饲的条件下，全价日粮的配合技术已成为产业发展的基础保障（表3-2）。

表3-2　羔羊育肥精料参考配方（20kg体重，日增重200g）

饲料及营养水平		前期（20天）	中期（20天）	后期（20天）
玉米（%）		46	55	66
麸皮（%）		20	16	10
棉粕（%）		30	25	20
石粉（%）		1	1	1
磷酸氢钙（%）		1	1	1
食盐（%）		1	1	1
预混料（%）		1	1	1
合计		100	100	100
营养水平	干物质	0.65kg/d	0.83kg/d	0.98kg/d
	粗蛋白	98g/d	112g/d	135g/d
	代谢能	7.85MJ/d	8.8MJ/d	10.6MJ/d
	钙	3.1g	4.5g	6.1g
	磷	2.0g	3.0g	3.2g

繁殖母羊补饲精料的配制，一是产春羔母羊补饲的粗饲料以禾本科杂草、青贮玉米为主时，妊娠期饲喂的混合精料蛋白质含量可以略高；二是妊娠前期补饲量较少，妊娠后期补饲量要增加，春羔母羊的产羔期一般在3~4月间，气候转暖，阳坡牧草已经萌发，粗蛋白质含量较高，不需要从精料中补充过多的蛋白质饲料即可满足哺乳期的需要（表3-3、表3-4、表3-5、表3-6）。

表3-3　50kg体重生产母羊冬春补饲精料参考配方

饲料及营养水平		妊娠期	哺乳期
玉米（%）		50	75
葵花籽粕（%）		20	15
棉粕（%）		20	—
麸皮（%）		9	9
食盐（%）		1	1
合计		100	100
营养水平	干物质（%）	90	90
	粗蛋白（%）	20.9	11.4
	代谢能（MJ/kg）	10.63	10.96
	钙（%）	0.26	0.18
	磷（%）	0.038	0.44

表3-4　妊娠母羊基础补饲量参考配方

饲料及营养水平	妊娠前期	妊娠后期	泌乳前期
禾本科牧草（kg）	0.5	1.0	—
混合精料（kg）	0.2	0.4	0.3

（续表）

饲料及营养水平		妊娠前期	妊娠后期	泌乳前期
青贮玉米（kg）		—	—	2.0
合计		0.7	1.4	2.3
营养水平	干物质（kg/d）	0.63	1.26	0.75
	粗蛋白（g）	77	153	37
	代谢能（MJ/kg）	5.69	11.38	7.32
	钙（g）	2.5	4.9	4.1
	磷（g）	1.1	2.2	2.2

表 3-5　育成羊补充精料参考配方

饲料及营养水平		育成公羊	育成母羊
玉米（%）		69	70
豆粕（%）		10	—
棉粕（%）		10	18
麸皮（%）		7	8
石粉（%）		1	1
磷酸氢钙（%）		1	1
食盐（%）		1	1
预混料（%）		1	1
合计		100	100
营养水平	干物质（%）	90	90
	粗蛋白（%）	13.4	12.4
	代谢能（MJ/kg）	12.2	11.8
	钙（%）	0.53	0.38
	磷（%）	0.42	0.31

表 3-6　育成羊冬春补饲配方

月份	育成公羊（kg/日）			育成母羊（kg/日）		
	混合精料	青干草	青贮玉米	混合精料	青干草	青贮玉米
11	0.40	0.60	—	0.15	0.35	—
12	0.50	0.60	—	0.15	0.50	—
1	0.50	0.60	1.2	0.35	0.60	1.0
2~3	0.50	0.60	1.2	0.45	0.60	1.0
4	0.50	0.60	1.2	0.50	0.60	1.0
5	0.20	0.50	—	0.20	0.40	—

对于预混料的使用，由于一般的养殖场和养殖户都不具备自配的条件，建议选择正规、信誉较好的厂家购买使用。

三、日常饲养管理要点

1. 分群饲养管理

舍饲养羊应按照工厂化生产模式，把不同年龄、不同品种、不同体况的羊分群饲养，设立专门的产房和羔羊舍、育肥羊舍、母羊舍、公羊舍、病羊隔离舍等，并配以相应的饲养管理措施。

2. 加强舍外运动

羊每天保持充足的运动，促进新陈代谢，保持正常的生长发育。

3. 饲养密度要合理

羊属于反刍动物，一天中要有较长时间用来采食饲草和反刍。所以，圈舍中要有足够的槽位和活动空间。

4. 保证充足的清洁饮水

1 天要饮水 2~3 次，也可采取自由饮水的方法。

5. 换料要有过渡期

调换饲料种类、改变日粮时应在 2~3 天逐渐完成，切忌变换过快；不喂发霉、变质饲料。

6. 合理的饲喂制度

肉羊饲料的日喂量根据羊的不同生长阶段而有差异，一般为 2.5~2.7kg。每天投料 2~3 次，日喂量的分配与调整以饲槽内基本不剩料为标准，要做到饲喂定时、定量，并有专人负责。

第四节　绵羊各阶段饲养管理技术

一、羔羊饲养管理

羔羊时期是羊一生中生长发育最旺盛的时期，此时羔羊的各器官系统尚未发育成熟，体质较弱，适应能力差，极易发病死亡。为了提高羔羊的成活率，须加强饲养管理。

(一) 生理特点

羔羊出生后，前胃只有真胃的 57%。0~21 日龄的羔羊瘤胃中黏膜乳头软而小，微生物区系尚未建立，反刍功能不健

全，耐粗饲能力差，仅能在真胃和小肠中对食物进行消化。由于其真胃和小肠消化液中缺乏淀粉酶，对淀粉类物质的消化能力差，当食入过多淀粉后，易出现腹泻，此时，羔羊所吃的母乳经食管直接进入真胃消化。21 日龄后，羔羊开始出现反刍活动，随日龄和采食量的增长，消化酶分泌量也逐渐增加，耐粗饲能力增强。如果对羔羊适度早期补饲高质量的青绿饲料，为瘤胃微生物的生长繁殖营造合理的营养条件，可迅速建立合理的微生物区系，增强其消化能力，为日后的生长发育奠定良好的生理基础。

（二）饲喂要求

1. 吃好初乳

初乳（母羊产后 5 天内分泌的乳汁）黏稠，含有丰富的蛋白质、维生素、矿物质等营养物质，其中，镁盐有促进胃肠蠕动，排出胎粪的功能。更重要的是初乳中含有大量抗体，而羔羊本身尚不能产生抗体，初乳作为羔羊获取抗体，抵抗外界病菌侵袭的惟一来源，显得特别必要。因此，及时吃到初乳是提高羔羊抵抗力和成活率的关键措施之一。

初生羔羊要保证在 30min 内吃到初乳，由于母羊产后无奶或母羊产后死亡等情况，吃不到自己母羊初乳的羔羊，也要及时采取相应措施，保障羔羊吃到其他母羊的初乳。

2. 及早补饲

初生羔羊消化能力差，只能利用母乳维持生长需要，但是母羊泌乳量随着羔羊的快速生长而逐渐下降，不能满足羔羊的营养需要。补料是提高羔羊断奶重，增强抗病力，提高成活率的关键措施。

一般在羔羊出生后 15~20 天开始补充饲草、饲料，以促使消化功能的完善。哺乳期的羔羊可以饲喂一些鲜嫩饲草或优质青干草，补饲的精料要营养全面、易消化吸收、适口性好，经过粉碎处理。饲喂时要少给、勤添、不剩料。补饲多汁饲料时要切碎，并与精料混拌后饲喂。根据羔羊的生长情况逐渐增加补料量，每只羔羊在整个哺乳期需补精料 10~15kg，混合精料一般由玉米（50%）、麦麸（18%）、豆粕饼（15%）、棉籽粕（饼）（15%）和 2%左右的矿物质、维生素组成。补饲的饲草可以绑成草辫悬在圈内或放在草架上，自由采食。

哺乳期羔羊补饲量（每日每只）参考值：15~30 日龄：50~75g；1~2 月龄：100g；2~3 月龄：200g；3~4 月龄：250g。

（三）管理要求

羔羊时期是羊一生中生长发育最旺盛的时期，加强羔羊培育，为其创造适宜的饲养管理环境，使之充分生长和发育，是提高羊群生产性能，造就高产羊群的重要措施。

●1. 哺乳方法●

对于母性强的的母羊，一般产后就能自行哺乳羔羊，但有的母羊特别是初产母羊，无育羔经验，母性差，产后拒绝哺羔，必须强制人工哺乳。

对于缺母乳的母羊，应为羔羊寻找保姆羊。需要人工辅助羔羊认奶。可把母羊的奶汁或尿液涂抹到羔羊头部和后躯，混淆母羊的嗅觉，避免保姆羊拒绝羔羊吃奶，经过几次之后保姆羊就能认仔哺乳了。对于一胎多羔母羊，要采用人工辅

助方法，让每一只羔羊吃到初乳，提高成活率。

2. 安排好羔羊吃奶时间

母羊产后 3~7 日内，母仔应在产羔舍生活，一方面可让羔羊随时吃母乳，另一方面可促使母仔亲和、相认。

对于有条件的羊场，母仔最好一起舍饲 15~20 天，这段时间羔羊吃奶次数多，几乎隔 1h 就需要吃 1 次奶。20 天以后，羔羊吃奶次数减少，可以将羔羊留在羊舍饲养，白天母羊出去放牧，中午回来哺羔 1 次，这样羔羊 1 天可吃 3 次奶，母羊也得到充分的采食和休养。

3. 失乳羔羊的人工哺乳

在养殖过程中，有时会遇到母羊分娩后因产羔过多、奶头不够或母羊产后死亡等，造成羔羊失乳。失乳羔羊的人工哺乳方法及注意事项如下。

（1）哺乳器饮奶法。即将奶装进哺乳器械或奶瓶里，把其上的奶头先涂上奶，然后放入羔羊嘴里，训练几次，即可学会哺乳。或用已经学会用哺乳器吃奶的羔羊作榜样诱导，也能达到训练的目的。

（2）盒饮法。即将奶或代乳品放入小盒，让羔羊自饮。开始时哺乳员将手指甲剪短、磨光、洗净，用食指或中指蘸上乳让羔羊吸吮，然后慢慢将羔羊嘴诱到盒内乳汁上吸饮，经几次训练，羔羊就会自饮盒中乳汁。

4. 羔羊人工哺乳注意事项

第一，按时饲喂。对人工哺乳的羔羊要遵守哺乳时间，按顺序先后喂给，0~7 日龄每隔 3h1 次，每日 4~5 次，随着

日龄的增长，逐渐减少哺乳次数，15 日龄后每日哺乳 3 次。

第二，按量喂给。喂给羔羊的乳汁要适量，起初每只每次喂 200~300g，随着日龄的增长，喂量逐渐增加，但 1 昼夜哺喂量不超过体重的 20%为宜。40 日龄达到高峰，以后逐渐减少。

第三，保证奶质。哺喂羔羊的奶要新鲜、干净，在加热和分配时应搅拌，使乳脂分布均匀。

第四，乳温恒定。乳汁的温度应保持在 38~40℃为宜，乳温过低易引起胃肠疾病，过高会影响哺乳，甚至烫坏羔羊口腔。

第五，加强饲养管理。为了防止诱发疾病，羔羊饮具要保持清洁卫生，定期用热碱水消毒，喂奶后用毛巾给羔羊擦嘴，以免互相舔食。羔羊隔离饲养，用具分别使用，避免相互传染。

● 5. 防寒保暖 ●

初生羔羊体温调节能力差，对外界温度变化非常敏感，必须做好冬羔和早春羔保温防寒工作。首先羔羊出生后，让母羊尽快舔干羔羊身上的黏液或及时用干净抹布擦干。其次冬季应有取暖设备，地面铺垫柔软的干草、麦秸以御寒保温，羔羊舍温度要保持在 8℃以上。

● 6. 羔羊断奶 ●

羔羊断奶的时间一般在 3~4 月龄，根据羔羊能否独立采食草料确定断奶时间。

羔羊断奶分 1 次性断奶和多日断奶两种。一般多采用一

次性断奶法，即将母仔一次断然分开，不再接触。突然断奶对羔羊是一个较大的刺激，要尽量减少羔羊生活环境的改变，采取断奶不离圈、不离群的方法，将母羊赶走，羔羊留在原圈饲养，保持原来的环境和饲料。断奶后的羔羊要加强补饲，安全度过断奶关。

7. 断尾

肉羊业中羔羊的断尾主要是在肉用绵羊品种同当地的羊杂交所生的杂交羔羊，或是利用半细毛羊品种来发展肉羊生产的羔羊，其羔羊均长瘦尾型尾，有一条细长尾巴。为避免粪尿污染羊毛，或夏季苍蝇在母羊外阴部下蛆而感染疾病和便于母羊配种，而需要断尾。断尾在羔羊生后 7 天内进行，此期尾部血管较细，不易出血。

羔羊断尾常用方法是热断法和结扎法，方法如下。

（1）热断法。就是利用一把厚 0.5cm、宽 7cm 的铁铲，将铁铲在炉火上烧成暗红色，断尾处离尾根部 4~5cm，在第三至第四尾椎骨之间，要边切边烙，切忌太快。为了避免铁铲烫坏羊的肛门或母羔外阴部及确保断尾长度一致，用一块厚 4~5cm、宽 20cm、长 30cm 的木板，在板的一端紧贴边凿个直径 5cm 大的圆孔。断尾时将羊尾套进去并压住。断尾时需 2 人操作，一人保定羊，另一人持铁铲和木板，密切配合。

（2）结扎法。是利用橡皮筋将羔羊的尾巴在尾根处扎紧，1~2 周后尾巴在结扎处干燥坏死，自然脱落。尾巴脱落后，在断尾处涂上碘酊。结扎法的要点是结扎要紧，注意观察尾巴脱落前后是否有化脓等现象，如有化脓要及时涂上碘酒。此种断尾方法操作简便，断尾效果较好。

8. 公羊去势

不作种用的公羊，都要及时去势。在育种场，非种用杂种小公羊也应一律去势。去势后的公羊性情温驯，管理方便，容易肥育，肉味鲜美。小公羊的去势，选择在出生后15~30天为宜。过早去势困难，过晚出血太多。去势的方法很多，以刀阉法效果可靠，结扎法简单适用。

（1）结扎法。在阴囊基部扎上橡皮筋使其血液循环受阻，15天以后阴囊连同睾丸就自行干枯脱落。此法简单、方便，适于羔羊。在去势期间要注意检查，防止结扎部位发炎。

（2）刀阉法。去势需2人进行。保定的人，使羊背部向着自己，将羊两后肢提起，用腿将羊颈部夹住，另一人将阴囊外部用5%碘酊消毒，消毒手臂后，一手紧握阴囊上部，防止睾丸进入腹腔，一手用刀在阴囊侧下方与阴囊中隔平行处两侧各切1口，挤出睾丸，切断精索。切口处涂上碘酊，撒上消炎粉。去势后注意不要使羊卧在潮湿肮脏的地方，以免术部感染。

（3）去势钳法。用特制的去势钳，在阴囊上部用力紧夹，将精索夹断，睾丸则会逐渐萎缩。此法无伤口、无失血、无感染的危险。但经验不足者，往往不能把精索夹断，达不到去势目的。

二、育成羊饲养管理

羔羊在3~4月龄时断奶，到第一次交配繁殖的公羊、母羊称育成羊。羔羊断奶后的最初几个月，生长速度很快，当

营养条件良好时，日增重可达150~200g，每日需风干饲料0.7~1kg，以后随着月龄增加，则应根据日增重及其体重对饲料的需要适当增加。

在羊的生长发育过程中，其生后第一年生长强度最大，发育最快，因此，如果羊在育成期饲养不良，就要影响其生产性能的表现，甚至使性成熟推迟，不能按时配种，从而降低种用价值。衡量育成羊发育完善程度通常通过其体重大小来表现，因此，在饲养管理上必须注意增重这个指标，按月固定抽测体重，借以检查全羊群的发育情况。称重一般在早晨未饲喂或出牧前进行。育成羊的饲养应根据生长速度的快慢，需要营养物质的多少，分别组成公羊群、母羊群、育成羊群，结合饲养标准，应给予不同营养水平的日粮质量控制。

第一，刚断乳整群后的育成羊，正处在早期发育阶段。产冬羔母羊，断乳后正值青草萌发，可以放牧青草，秋末体重可达45kg左右。产春羔母羊，断乳后，采食青草期很短，即进入枯草期。进入枯草期后，天气寒冷，仅靠放牧无法满足生长发育的需要，如果一直处于放牧阶段，那么群体基本处在饥饿或半饥饿状。平安度过第一个冬天是一大难关。因此，在第一个越冬期，是育成羊饲养的关键时期，尤其对于早春羔群体。在入冬前一定要贮备足够的青干草和农副产品。包括成年羊在内，每只羊每天要有2~3kg粗饲料，还要适当饲喂精料。对粗饲料要贮存好，不能霉烂，一定要防火，同时还要制作一定量的青贮，贮存些胡萝卜等作为青绿多汁饲料。

第二，越冬期的饲养原则是以舍饲为主，放牧为辅。寒冷地区要有暖圈或者类似暖风炉之类的升温设施设备。春季

是由舍饲向青草期过渡的时期，主要抓住防止跑青这个环节。放牧要采取先阴后阳，控群躲青，控制游走，增加采食时间，使羊群多吃少走。在饲草安排方面应尽量使用少量储备干草，以便在出牧前补给。

第三，育成羊在配种前应安排在优质草场放牧，提高营养水平，使育成羊在配种前保持良好的体况，力争满膘配种，以实现多排卵、多产羔、多成活的目的。

三、种公羊饲养管理

（一）饲养要点

在饲养上，要按种公羊的营养需要配合日粮。要求日粮富含蛋白质、维生素和无机盐。给予的饲料要多样化，营养价值全面且易消化、适口性好。主要饲料可以选择优质的豆科与禾本科混合干草，一年四季均要满足供给。夏季补以青刈草，冬季补给适量的多汁饲料，日粮营养不足部分用混合精料补充。

种公羊在配种季节要增加混合精料的供给量。蛋白质饲料特别是动物性蛋白质饲料不仅能够提高种羊的体力，还能促进精子的生成。一般根据配种量加喂适量的生鸡蛋（1~2个）或牛奶、脱脂奶等。对精液品质差的公羊增喂豆饼、苜蓿干草、豌豆等饲料，20天后便可获得改进效果。燕麦、大麦、高粱、麸皮等用量适当，亦可提高精子活力和延长精子存活时间。青草、胡萝卜、南瓜、发芽饲料等富含维生素，对精子的生成亦有促进作用。

1. 非配种期管理

种公羊在非配种期除放牧外，每只每天可补喂 1~1.5kg 干草、2~3kg 多汁饲料、0.5kg 精料。在配种前 1.5~2 个月就应按配种期营养要求进行饲养。

2. 配种期管理

种公羊在配种期，每只每天可补喂 1~1.5kg 苜蓿干草、1~1.5kg 混合精料（也可按体重的 1%~1.5%补给精料）、0.5~1kg 胡萝卜，另加 2 个鸡蛋。全部精料和粗料分早、中、晚 3 次喂给。配种前 20 天需作采精训练及精液品质检查，精子密度低的种公羊，加喂动物性蛋白质饲料和胡萝卜并加强运动，促进精液品质提高。配种期结束后，混合精料暂不减量，先增加放牧时间，半个月后再减少混合精料，过渡到非配种期饲养。

（二）饲养管理要点

第一，种公羊舍要宽敞坚固，清洁干燥，定期消毒，尽量远离母羊舍。

第二，种公羊舍饲时要单圈饲养，防止角斗消耗体力或受伤。放牧时，要公羊母羊分开，切忌公羊母羊混群放牧，造成早配和乱配。公羊母羊分开放牧或饲养，也利于种公羊保持旺盛的配种能力。

第三，种公羊每日配种或采精的次数一般应每天 1~2 次，连配 2~3 天，休息 1 天为宜。个别配种能力特别强的公羊每日配种或采精也不宜超过 3 次。

第四，定期做好种公羊的免疫、驱虫和保健工作，保证

公羊的健康。

第五，舍饲种公羊每天运动1.5~2h。供足清洁饮水。

第六，每天给种公羊梳刷1次，以利清洁和促进血液循环。检查有无体外寄生虫病和皮肤病。定期修蹄，防止蹄病。

第七，夏季气候炎热，要特别注意种公羊的防暑降温，为其创造凉爽的条件，增喂青绿饲料，多给饮水。

四、繁殖母羊饲养管理

为充分发挥繁殖母羊的生产力，必须创造良好的饲养管理条件，以提高母羊的受胎率和产羔成活率。母羊生产周期：空怀期、妊娠期和哺乳期，繁殖母羊饲养管理要点如下：

（一）空怀期管理

空怀期是指母羊在羔羊断奶到配种前的恢复阶段，这一阶段的营养状况对母羊的发情、配种、受胎以及以后的胎儿发育都有很大关系。在配种前2周要给予优质青草，补饲精料每天每只0.2~0.3kg，保证母羊的营养水平，还可促进发情排卵。

（二）妊娠期管理

妊娠期是指母羊怀孕到分娩阶段，这一阶段的任务是保胎，并使胎儿发育良好。妊娠最初的3个月胎儿对母体营养物质的需要量较少，以后随着胎儿的不断发育，对营养的需要量越来越大。怀孕后期的营养条件是获健康羔羊的重要保障，因此应当对母羊精心喂养。补饲精料的标准要根据母羊的生产性能、膘情和饲草的质量而定。

在妊娠前期（妊娠的前3个月），胎儿发育较慢，维持日常营养水平即可。

在妊娠后期（妊娠的后2个月），胎儿生长迅速，羔羊初生重90%是在这一时期增加的，此时应加强饲养，每只母羊每天应饲喂精料0.4~0.5kg，干草1~1.5kg，青贮料1.5kg。

（三）哺乳期管理

哺乳期是指母羊分娩到断奶阶段，这一阶段的任务是保证母羊有充足的奶水供给羔羊。母乳是羔羊生长发育所需营养的主要来源，特别是产后头20~30天，母羊奶多，羔羊发育良好，抗病力强，成活率高。如果母羊养的不好，不但母羊消瘦，产奶量少，而且影响羔羊的生长发育。对哺乳期的母羊饲养管理要点：

第一，必须经常打扫哺乳母羊的圈舍，保持圈舍清洁干燥，及时扫除胎衣、毛团、石块、烂草等，以免羔羊舔食引起疫病。冬季，母羊圈舍要勤换垫草，做好保暖防风。

第二，要经常检查母羊乳房，如发现奶孔闭塞、乳房发炎、化脓或乳汁过多等情况，要及时采取相应措施予以处理。

第三，刚产后的母羊腹部空虚，体质衰弱，体力和水分消耗很大，消化机能减弱，此时要给易消化的优质干草，补充多维及盐水、麸皮汤。青贮饲料和多汁饲料有催奶作用，但不宜喂的过早、过多。产羔后的1~3天内，如果膘情好，可少喂精料，饲喂以优质干草为主，以预防消化不良和乳房炎。

第四，合理补饲。一般哺乳母羊每天需补精料0.6~0.8kg左右，多喂优质青干草和多汁饲料。补饲标准为前多后少，确保奶汁充足。

第五，断奶前要减少多汁饲料、青贮和精料的喂量，控制营养，防止发生乳房炎。

（四）母羊产羔期管理及护理

1. 产前准备

（1）产房及用具的准备。接产用的房舍，应因地制宜，不强求一致。有条件的场户在建场时应根据规模大小、母羊多少、设计建设固定的产房，单位面积可适当宽松一些。没有条件修建产房者，应在羊舍内临时搭建接羔棚；要求产羔母羊每只应有产位面积 $2m^2$ 左右，产羔栏位约为待产母羊数的20%~30%。

接产用具包括镊子、产科器械、长臂手套、结扎绳、5%碘酊消毒液、缩宫素、擦布、温水等。

产前3~5天，必须对产房，运动场、饲草架、饲槽、分娩栏等进行修理和清扫，并用3%~5%的火碱溶液进行彻底消毒。消毒后的产房，应当做到地面干燥，温度适宜、空气新鲜、光线充足、挡风御寒。

（2）接羔人员的准备。接羔是一项繁重而细致的工作，每群产羔母羊除主管牧工以外还应根据羊群品种、质量、大小、营养状况，是经产母羊还是初产母羊以及各接羔点所处的具体情况，配备一定数量的辅助人员，才能确保接羔工作的顺利进行。

主管牧工及辅助接羔人员必需分工明确，责任落实。在接羔期间，要求坚守岗位，认真完成自己的工作。对初次参加接羔的工作人员，在接羔前组织学习、培训有关接羔的知

识和技术。

2. 接产

（1）临产母羊的特征。母羊临产前出现乳房肿大，乳头直立，能挤出乳汁，阴唇及尾部松弛下陷，尤其以临产前2~3h最明显，行动迟缓，排尿次数增多，喜卧墙角，产羔时起卧不安，不时回顾腹部，卧地时两后肢向后伸直。

（2）产羔过程及接羔技术。母羊正常分娩时，在羊水膜破裂后几分钟至30min左右，羔羊即可产出。正常胎位的羔羊，出生时一般是两前肢及头部先出，并且头部紧贴在两前肢的上面。若是产双羔，先后间隔5~30min，但也偶有长达数小时以上的。因此，当母羊产出第一羔后，必须检查是否还有第二个，方法是以手掌在母羊腹部稍后侧适力颠举，如系双胎，可触感到光滑的羔体。

在母羊产羔过程中，非必要时一般不应干扰，最好让其自行娩出。但有的初产母羊因骨盆和阴道较为狭小，或双胎母羊在分娩第二只羔羊时已感疲乏，这时需要助产。其方法是：人在母羊体躯后侧，用膝盖轻压其肷部，等羔羊前肢端露出后，用一手向前推动母羊会阴部，羔羊头部露出后，再用一手握住头部，一手握住前肢，随母羊的努劲向后下方拉出胎儿。若属胎势异常或其他原因的难产时，应及时请有经验的兽医技术人员协助解决。

羔羊产出后，首先把其口腔，鼻腔里的黏液掏出擦净，以免阻碍呼吸、吞咽羊水而引起窒息。羔羊身上的黏液，最好让母羊自行舐净，这样对母羊认羔有好处。如母羊恋羔性弱时，可将胎儿身上的黏液涂在母羊嘴上，引诱它舐净羔羊身上的黏液，也可以在羔羊身上撒些麦麸，引导母羊甜食羔羊，如果母羊不舐或冬天寒冷时，可用软布、毛巾或柔软的干草迅速把羔体擦干，以免受凉。

如遇到分娩时间过长，羔羊出现休克时，可采用两种方法施救：一是提起羔羊两后肢，使羔羊倒悬，同时拍打其背胸部，刺激羔羊呼吸。二是使羔羊卧平，两手有节律地按压羔羊胸部两侧，暂时假死的羔羊，经过这种处理后，可以复苏。

在人工助产下娩出的羔羊，可由助产者剪断脐带，断前可用手把脐带中的血向羔羊脐部推捋几下，然后在离羔羊腹部 3~4cm 处结扎、剪断并用碘酒涂抹消毒。

母羊分娩后，应给母羊喝温水，最好加入少量的麦麸、多维及盐，母羊一次饮水量不要过大，以 300mL 为宜，饮水量过大，容易造成真胃移位等疾病，影响以后采食。

（五）母羊的产后护理

第一，母羊产后整个机体，特别是生殖器官发生了剧烈变化，机体的抵抗力降低。为使母羊复原，应给予适当的护理。在产后 1h 左右给母羊饮 300mL 的温水，并注意胎衣及恶露排出的情况，一般在 2~6h 排出、排净恶露。3 天之内饲喂质量好、易消化的饲料，减少精料喂量，以后逐渐转为正常饲喂。

第二，检查母羊的乳房有无肿胀或硬块，发现异常及时对症处理。

第三，为便于管理，母子同群的羊可在母子同一体侧编上相同的临时号码。

五、育肥羊的饲养与管理

（一）育肥应遵循的基本原则

1. 育肥羊范围

凡不做种用的公羔、母羔和淘汰的老、弱、瘦、残羊都可用作育肥。要先给它们进行驱虫、灭癣、修蹄，然后按老幼、强弱、公母进行分群和组群，以利于按照类群统一管理。但一般而言，幼龄羊比老龄羊增重快，肥育效果好。羔羊1~8月龄的生长速度最快，且主要生长肌肉。选择断奶羔羊做肥育羊，生产出肥羔肉质好，效益高。因此，一般在羔羊断奶鉴定整群后，把不适合留作种用的羔羊分群肥育。

2. 突出效益原则

经济效益的大小，是衡量肉羊育肥成败的关键，而不是盲目追求日增重的最大化。在当地条件下，按照市场经济规律，寻求最佳经济效益。尤其在舍饲肥育条件下，最大化的肉羊增重，往往是以高精料日粮为基础的，肉羊日增重的最大化，并不一定意味着可获得最佳经济效益。因此，在设定预期肥育强度时，一定要以最佳经济效益为惟一尺度。生产中应根据饲养标准，结合育肥羊自身的生长发育特点，确定肉羊的日粮组成、供应量或补饲定额，并结合实际的增重效果，及时进行调整。

3. 舍饲原则

放牧育肥的成本低廉，但占用草场资源，距离市场较远的牧区增加了交易的难度和费用，一般大群育肥生产多采用全舍饲的短期育肥为主。舍饲育肥便于掌控群体的生长状况，及时对饲草料、劳动力等的投入进行调整，也便于提高育肥商品的整齐度。

4. 适时出栏原则

生产中合理组织生产，做到育肥羊适时出栏。根据育肥羊开始时所处生长发育阶段，确定育肥期的长短，如果过短育肥效果不明显，过长则饲料报酬低，经济上效益差。因此，肉羊经过一定时间的育肥达到一定体重时，要及时出栏上市，而不要盲目追求羊只的最大体重。一般育肥周期为45~90天。

5. 规模确定原则

育肥规模的大小，决定利润的多少。通常而言，规模越大，利润越多，但在实际生产中，往往适得其反，由于盲目采购羊只，贪图规模而忽视市场的运作、消费者的承载力。造成规模大、亏损大的现象，因此，在决定饲养规模时，一是要了解销售地的肉类消费水平，个人收入情况，通过这些对预售价格做出可靠的预测；二是要关注与畜牧业有关的农业产品价格，如玉米、大豆等，这些产品的价格高低直接影响饲料价格的波动；三是要根据储存饲草、饲料的数量、总量、育肥期的长短和批次、场地状况及劳动力匹配情况，综合确定育肥规模。

（二）育肥期的饲养管理

1. 羊只选购要求

第一，年龄为3~5月龄的公羔或7~8月龄的母羊，最好为杂交羔羊。

第二，膘情中等，体格稍大，体重在20~25kg以上。

第三，健康无病，被毛光顺，上下颌吻合好。健康羊只的标准为活动自由，有警觉感，趋槽摇尾，眼角干燥。

2. 入舍管理

第一，购进当天不饲喂混合料，只供给清水和少量干草。

第二，安静休息。8~12h后，逐只称重记录。

第三，按羊只体格、体重和瘦弱等相近分组，每组数量不易过多。

第四，用虫克星或丙硫咪唑驱虫。

第五，接种三联四防疫苗、口蹄疫疫苗等。

3. 育肥期饲养管理

该阶段主要工作是饲喂。一般每天饲喂2次，并保证充足的饮水。在日粮配制方面可以维持一个按照现有原料配合的全价日粮配比，并保障自由采食即可满足育肥阶段的营养需要。在固定日粮配比时，要经过一个10天左右的饲喂调整期，通过日增重统计数据及时调整日粮配比。

4. 出栏管理

在育肥羊达到目标重量后，应及时出栏上市。

第五节　绵羊养殖生产模式

一、绵羊饲养模式

绵羊的养殖模式主要包括如下6种模式：

1. 农牧户家庭适度规模舍饲养羊模式（专业养殖大户）

该模式是为适应区域经济发展和生态建设的需要而出现的。通过退耕还林还草、封山育林等生态保护措施，减少或禁止放牧，推广舍饲养羊的生产模式。

该模式的基本特征是以家庭为基本生产单位，依据家庭可支配土地、资金、劳动力、技术等资源，实现适度规模养羊生产。这种模式可保持稳定的经营规模和经济收益。一般经营农耕地 15 亩以上，以种玉米为主，同时种植苜蓿等饲草 3 亩以上，养殖规模 30 只以上，散户养殖为主。

2. 家庭适度规模农牧场模式

该模式的基本特征是以家庭为生产单元，以养羊生产为家庭主要经营项目，实行规模化专业化养羊生产，具有独立法人资格。

该模式劳动力主要以家庭劳动力为主，并根据生产需要，常年雇工 1~3 人，或季节性临时雇工。经营土地在自有承包地基础上，通过转包、租赁等手段，流转离村进城居住就业农民土地 50 亩以上，开展规模种草养羊；一般经营土地 100 亩左右，其中，种植饲草料作物占 60%多；养殖规模 300 只以上，其中，繁殖母羊 150 只以上，年出栏 200 只以上。

该模式的养殖管理人员接受过专门的职业农民培训，文化科技素质较高，具有初中以上或相当文化水平。经常聘有专业技术人员指导生产。

3. 规模化专业化养殖模式

该模式以工商资本或社会资本为投资主体，通过租赁等

方式获得土地使用权，工商独立注册，取得法人资格，按照企业化管理组织生产，劳动力主要从社会招聘，内部分工明确，建设规范，达到规模化专业化养羊场建设标准。

该模式的企业化组织管理。一般为股份投资，法人治理，组织管理体系比较完善。

该模式的规模化经营生产。一般存栏基础母羊 500 只以上，年出栏能力1 000只以上，产销一体化经营，硬件设施规范化建设。

4. 专门化大型育肥养羊场模式

该模式采用股份制经营，规模较大，设计年出栏能力在万只以上。采取“户繁场育”生产模式（由农户饲养繁殖母羊，生产育肥羔羊，场集中育肥），或与牧区建立羊源供给关系，与屠宰加工企业建立产销关系。

该模式实行规范的生产流程，实行全进全出，均衡生产，批次集中出栏。

5. 小区养殖模式

该模式依托新农村建设、移民搬迁、农村环境整治，采取人畜分离，统一规划设计，统一集中养殖、统一防疫，统一品种改良，统一选种选配，分户饲养管理，自主经营模式组织养羊生产。

6. 专业合作社（协会）模式

该模式依托畜牧行政管理部门的支持和配合，使分散养殖户联为一体，成立自主生产、自主经营、自我服务、自我发展的经济合作组织，并在技术、防疫、治疗、良种、供应

和销售等方面进行统一安排，从产前、产中、产后各个环节为养殖户提供服务。

二、绵羊繁育养殖模式

（一）繁殖母羊产单羔全舍饲自繁自养模式

繁殖母羊一般为地方品种，以农户散养为主，群体规模较小，周边基本没有放牧条件，作为农业生产的补充存在。这种模式主要存在于近年来一些新建养殖小区，因效益问题，基本已经转变为育肥小区。有的原计划全部舍饲，后改作半舍饲半放牧，维持运转。

基本产出与效益估算：母羊一年一产，年繁殖成活 1 只羔羊，四月龄断奶后转入育肥群，直接育肥至 40kg 体重以上出栏。由于养殖的投入主要是繁殖母羊全年的饲草投入，及肥育羊羔羊期、育肥期饲草料投入。这种模式下，粗饲料的来源必须廉价且广泛易得，精料投入重点放在羔羊育肥阶段。劳动力投入不计算在内。一头生产母羊全年饲草料投入及羔羊育肥期间的投入合计不能超过一只育肥出栏羊的价格。按照目前的市场行情，盈利相当的困难，养单羔母羊在全舍饲条件下几乎无利可图。

因此，在经济活动中，这种生产方式主要以副业地位为主，基本没有过多的管理和技术投入，劳动力一般由户主利用闲暇时间简单饲喂，或者羊群围绕草垛自由采食，不会雇佣额外劳动力从事生产，管理粗放，生产目标以解决自食或临时变现解决急用少量现金为主。

（二）繁殖母羊产双羔、小规模全舍饲模式

实施繁殖母羊两年三产生产模式。年繁殖成活3只羔羊，四月龄断奶出售或转入育肥，断奶重25kg左右，育肥后体重40kg左右。

利润空间分析：一是饲养多胎母羊是今后舍饲养羊必然选择；二是控制规模、减少劳动力及其他动力成本的投入；三是建立自己的饲草料基地，包括与周边农户实行订单种草协议，可降低饲草成本20%~50%；四是种公羊的选择上以肉用多胎品种为主；五是需要一定的生产技术与设备的投入，如人工授精技术的应用，投入不大，但可以减少种公羊的购买及饲养数量，还便于人为控制生产节律，统筹人、财、物的安排。

（三）中、小型农户放牧+补饲模式

肉羊的“放牧+补饲”模式是放牧与补饲相结合的生产方式，既能利用夏、秋牧草生长旺季进行放牧育肥，又可利用各种农副产品及少许精料，进行补饲或后期催肥。该方式比单纯依靠放牧育肥效果要好，比全舍饲生产要节省劳动力和饲料成本。

“放牧+补饲”模式的生产可采用两种途径：一种是在整个生产期，自始至终每天均放牧并补饲一定数量的混合精料和其他饲料。基本方式为：白天放牧，牧归后补饲一次。放牧兼补饲的方式一般在早春或者深秋及冬季草场牧草匮乏时采用的方式。放牧时，羊只会尽力采食以满足需要，不足的部分在牧归后补充。这样做可以充分利用草场资源，既降低了投入成本，也保障了羊群的生长发育需要。在放牧+补饲的育肥生产中，要求前期以放牧为主，舍饲为辅，少量补料，后期以舍饲为主，多量补料，适当就近放牧采食；另一种是前期安排在牧草生长旺季全天放牧，后期进入秋末冬初转入舍饲催肥，可依据饲养标准配合营养丰富的育肥日粮，强度育肥30~40天出栏上市。

（四）小规模农户全舍饲模式

该模式一般适用于集中羊的育肥阶段。

由于群体数量较多，生产目标明确，生产周期较短，周转较快，保障了全年生产的利润收益。

（五）大型养殖小区模式

标准化养殖小区是指在适合畜禽养殖的地域内，按照人畜分离、标准化技术要求，由若干农户自愿合作建设的、专门从事某一种特定畜禽养殖，有一定规模、饲养设施和防疫设施完备，粪污处理设施配套，技术标准统一，管理措施一致，设施标准化、生产标准化、防疫标准化和产品标准化的养殖区域。这种模式便于将分散的养殖生产和力量集中成为规模化的生产组织。一般情况下，各养殖户都会联合起来成立合作社、企业或者协会组织，在市场的经营活动中增强了博弈的能力，也是未来发展的主要方向。

标准化养殖小区建设质量控制要点如下：

第一，选址要适宜，布局要合理。即养殖小区地址位于法律法规明确规定的禁养区以外，通风良好，给水相对方便；距主要交通干线和居民区的距离满足防疫要求，有供电稳定的电源；在总体布局上做到生产区与生活区分开，净道污道分开，正常畜禽与病畜禽分开，种畜禽与商品畜禽分开。

第二，设施要完善，服务要配套。圈舍朝向、规格要合乎标准化要求，饲养密度要合理；有圈舍栏、食槽、自动饮水装置、通风系统、降温和采暖设施设备，大门口有车辆消毒池、人员消毒室和高压喷枪等消毒设施；有兽医室、常规防疫检测设备。

第三，防疫要严格，管理要规范。要有生产管理制度、防疫消毒制度、档案管理制度和科学合理的饲养管理操作规程；从业人员无人畜共患传染病；建立规范的档案和生产记录，记录资料要保存 2 年以上；小区内部应尽量推行自繁自养、实行全进全出的生产模式，其品种应大体一致，外购种畜禽应从有《种畜禽经营许可证》的种畜禽场购进。种畜禽及商品畜禽销售出场时有动检部门出具的检疫证明，病死畜禽能够使用锅炉焚烧或无害化处理。

第四，废污利用、排放要达标。养殖小区污水和粪便要进行集中处理，处理后应符合 GB 18596 规定。

同时，建设养殖场和养殖小区应具备以下条件：一是有与其饲养规模相适应的生产场所和配套的生产设施；二是有为其服务的畜牧兽医技术人员；三是具备法律、行政法规和国务院畜牧兽医行政主管部门规定的防疫条件；四是有对畜禽粪便、废水和其他固体废弃物进行综合利用的沼气池等设施或者其他无害化处理设施；五是具备法律、行政法规规定的其他条件。

第四章 肉羊生产与健康保健

第一节 影响肉羊健康的因素

羊只的健康是做好肉羊健康高效养殖的关键。在养殖场址正确选择、加强养殖场环境卫生以及产地检疫和引种工作、实施羊群标准化饲养管理、建立养殖档案等环节方面加强管理措施的落实，可有效提高肉羊生产过程中的群体健康水平。同时，应建立完善的防疫制度，实施健康养殖，以实现肉羊的健康安全、高产高出的养殖目的。

一、概述

在诸多畜产品中，羊肉因具有绿色、安全、营养保健的优点，近年来越来越受消费者青睐，并导致羊肉消费需求的持续增长。肉羊产业的快速发展，给人类提供的羊肉产品越来越多。由于养羊业长期存在生长周期较长、良种化水平低、生产成本增加而导致养殖效益低下等因素，难以形成标准化、产业化效应，严重阻碍了肉羊养殖业的发展壮大。羊产业要走出市场出现供不应求的困境，必须加强品种改良，积极发

展标准养殖，提高养殖效益，提高羊肉品质，增加市场竞争力。

高品羊肉需要生理功能正常、无缺陷和无疾病的健康绵羊来生产，但在肉羊生产过程中，由于养殖环境卫生不良、饲养管理不当、防疫体系不健全、兽药使用不合理等诸多环节的非标准化，造成了肉羊生长停滞、消瘦、饲料报酬降低，生产效率下降，导致养殖成本加大，以及肉羊的免疫力、抗病力和抗应激能力降低，同时，在生产上滥用抗生素，增强了细菌的耐药性，使很多肉羊处于亚健康状态，对肉羊疾病防治和人类的健康也造成一定危害。因此，在肉羊生产过程中加大实施高效健康养殖，注重羊只健康，加强饲养管理，确保环境质量、饲料和饮水卫生，同时，做好疫病预防工作，着力提高动物防疫科学化水平，完善动物源性食品安全保障机制，有效防范动物疫病风险，切实保障动物源性食品安全，提高羊群自身免疫能力，使肉羊养殖走上健康、高效、可持续发展之路，是传统养羊业向产业化、规模化、集约化发展的要求。

二、影响肉羊健康的因素

影响肉羊健康的因素，包括环境因素、生物因素、饲养管理因素、动物防疫与疫病控制等。

（一）环境因素

1. 温度与湿度的影响

温度和湿度在生产实践中容易被忽视，应引起足够重视。

温度是影响羊健康和生产力的首要环境因素，在舍饲养殖环境中，温度适宜、湿度适宜有利于家畜的生长。绵羊的适合环境温度一般为-3~23℃。在此范围，羊的生产力、饲料利用率和抗病力都较高。温度过低，则不利于羔羊的健康和存活。羊舍内温度过低、湿度过高会导致羔羊免疫力低下，成活率降低。饲料转化率下降，生长缓慢，料重比和料肉比增高，由于免疫力低下，可诱发各种疾病；温度过高，则羊的散热发生困难，影响采食和饲料报酬；增重缓慢，容易造成中暑。公羊对高温的反应很敏感，精子发生受阻，精液质量下降；高温对母羊生殖也有不良作用，尤其在配种后胚胎附植于子宫前的若干天内，很容易引起胚胎的死亡。

一般情况下，干燥的环境对羊的生产和健康较为有利，高湿不利于羊的体热调节。高温、高湿的环境，容易导致各种病原性真菌、细菌和寄生虫的繁殖，羊易患腐蹄病和内外寄生虫病。绵羊最忌高温、高湿环境。高温环境中，高湿妨碍家畜的蒸发散热，使体内积热过多，体温升高而导致热射病（中暑）。由于绵羊的被毛层较厚，为促进机体散热，应尽可能保持良好的通风环境。高湿使家畜机体抵抗力减弱，发病率上升。

2. 光照影响

绵羊为季节性发情动物，光照能促进羊的新陈代谢、加速骨骼成长，提高机体的抗病能力，对羊的繁殖、生产力和行为等仍具有直接影响。强烈的阳光辐射，对剪毛不久的绵羊危害较大，容易引起皮肤灼烧或光照性皮炎。在舍饲养羊时，夏季应该给羊提供荫蔽的场所。在高温季节放牧，由于

强烈的光照，大量的热辐射对羊体热调节不利，影响放牧羊的食欲和采食。

3. 空气污染

羊舍内的空气中有许多有害气体，如氨气、二氧化碳和一氧化碳等，同时，浮尘中存在大量微生物，可以引发羊只发生鼻炎、支气管炎等多种疾病，直接危害养羊业的健康发展。正常条件下，羊舍空气污染主要为氨气。氨气给绵羊带来的危害主要包括诱发呼吸道疾病、降低机体抵抗力和对绵羊生长性能的影响。羊舍内氨主要来源绵羊的胃肠道和舍内环境，其中，舍内环境氨的浓度取决于舍内温度、饲养密度、通风情况、饲养管理水平、粪污清除等情况。在潮湿、酸碱度不适宜和温度高、粪便多的情况下，氨产生更快、浓度更高。

空气污染对绵羊健康的危害主要表现如下方面。

第一，空气污染物在短时间内大量进入羊体，引发机体急性危害。

第二，绵羊长期生活在低浓度污染的空气环境中，可导致慢性呼吸系统疾病的发病率增高。

第三，空气污染物具有致癌作用，是现代肺炎发病率增高、死亡率增加的重要原因之一。

4. 水及土壤污染

水体污染也会引起羊的多种疾病。如果绵羊饮用污染的水，可导致其生产性能下降，免疫力下降，诱发多种疾病。水污染主要有以下几个方面：一是羊场生产中排出的粪尿与

污水的污染，二是人们的生活污水的污染，三是土壤中化肥、农药残留的污染，四是外来病原微生物进入地下水导致的污染。

土壤的污染主要是农药化肥残留及多种病原微生物的污染。羊生长在污染的土壤上，不仅对绵羊可以引起中毒和诱发癌症，还可以传播疾病。被含有病原体的粪便、垃圾和污水污染的土壤，可成为有关疾病的传播媒介，成为羊体感染这些疾病的重要来源。

5. 噪声污染

噪声对羊体健康的危害可体现在神经系统和消化系统方面，但对神经系统的作用最直接。噪声可以干扰羊正常休息、睡眠，并影响羊的正常采食。噪声源主要有工业噪声、交通噪声和生活噪声。

（二）饲养管理因素

饲养管理因素包括羊舍的建筑结构、通风设施、垫料种类、饲养密度、饲养管理制度、饮水和饲料卫生以及羊场、牧场的清洁度等。这些因素对羊的健康状况及疾病发生和流行有直接和间接的影响。

饲料安全是影响健康养殖的重要因素之一。影响饲料安全的主要因素主要有：一是饲料中虫害、螨害与鼠害；二是饲料中的微生物污染，包括霉菌和霉菌毒素。较常见的霉菌毒素有黄曲霉素、玉米赤毒素、玉米赤霉烯酮和单端孢霉菌毒素，其中，黄曲霉毒素毒性最强；三是饲料中的抗营养因子。其作用是料中养分的消化、吸收利用，主要有蛋白酶抑制因子、碳水化合物抑制因子、矿物质元素生物有效性掏因

子、拮抗维生素作用因子、刺激动物免疫系统作用因子等；四是饲料中的有毒有害化学物质，包括农药污染、工业“三废”的污染和营养性矿物质添加剂带来的污染；五是非营养性添加剂带来的污染，在抗生素、激素、抗氧化剂、防霉剂和镇静剂的使用中不严格遵守原则，不控制使用对象、安全用量及停药时间，就会使药物及其代谢产物在肉、蛋、奶中残留，并通过畜禽的排泄物污染环境；六是饲料加工过程产生的毒物及交叉污染。

影响肉羊健康养殖的营养因素主要包括饲草使用不当、精饲料使用不科学，以及食盐、维生素、矿物质等微量元素添加剂随意添加。

另外，羔羊管理不当、分群饲养不及时、缺乏适量运动也是影响肉羊健康养殖的管理因素。

（三）生物因素

生物因素主要包括遗传因素、种类和品种、年龄、性别、生理阶段以及病原体。不同种类、年龄、性别的羊，对疫病的易感性不同。传染性疾病的病原体包括病原微生物、寄生虫两大类，有些病原体存在于某个地区，呈区域性特点。

（四）动物保健与防疫因素

动物保健与防疫因素主要包括动物保健系统、兽医服务水平与质量、必要的兽药供应、健全的疫苗供应与冷链系统、疫病预警和控制系统等。影响肉羊健康养殖的疫病因素主要有羔羊痢疾、羊肠毒血症、大肠杆菌病、羊传染性胸膜肺炎、羊布病、羊衣原体病、肝片吸虫病等。其中，羔羊痢疾、羊肠毒血症、大肠杆菌病、羊传染性胸膜肺炎是条件性内源性

的疫病，在气候、饲养管理等条件发生变化时，或有其他应激因素作用时，这些病原微生物产生致病作用。

第二节 肉羊保健与疫病防控

一、种羊的引进和购入

近年来，我国从国外引进了大量的优良肉用羊品种，如萨福克、道赛特、杜泊羊、波尔山羊等，并通过建立一批基础设施完善、技术水平较高、饲养品种优良、经济效益较好的种羊场，对引进肉羊品种进行纯繁扩群、杂交改良，为我国肉羊产业的发展奠定基础。肉羊的引种是一项科学严谨的系统工程，不论是从国内或者国外去引种，其引种效果都将对当地的养羊业产生重大影响，引入品种的综合品质与生产性能水平，是保证种畜质量的前提，而引入后的科学饲养管理及合理使用，才能充分体现引进种羊的种用价值，必须引起足够的重视。

羊场应坚持自繁自养的原则，必须引进羊只时，应从非疫区引进。

（一）种羊的引进步骤

1. 引种准备

肉羊引种前必须明确引种的目的和任务。不管是作为地区、企业还是农户，对引种原因及引进后的利用、发展等问题，要根据当地或国内、外养肉羊的发展情况及当前、今后可能的市场变化情况进行认真研究，以免带来不必要的经济

损失。引进肉种羊的目的：一是作为育种材料与本地品种进行杂交改良培养出新品种或新品系；二是导入外血，通过引进优良基因提高或改善原有品种的生产性能水平和综合品质，从而达到提高本地品种整体生产性能的目的；三是进行纯繁推广，建立引进品种的良种生产体系，满足养羊业发展要求。

2. 品种选择和定位

我国国土面积广阔，不同地区引进的羊品种有很大不同。引种前要参照当地养殖业水平、饲草饲料生产、地理位置、自然条件等因素加以分析，认真对比引种地区与引入地区的生态、经济条件的异同，有针对性地考察品种羊的特性及对当地的适应性，进而确定引进的肉羊品种类型。肉羊品种引种时则应兼顾该肉羊品种的早熟性、生长发育速度、体重、屠宰率、净肉率及羊肉品质、繁殖性能等方面，尤其要重视拟引入品种的适应性，主要包括该品种的抗寒、耐热、耐粗放管理，以及抗病力、繁殖力、生产性能等一系列性状。

3. 制订引种方案

通过引种方案来确定引进品种、类型、数量、年龄、公母比例、品质，以及引种过程与引入后的饲养管理、风土驯化、疫病防治和科学使用。一是引种前要对供种单位进行认真选择，掌握和比较其生产性能水平、防疫程序、种畜销售去向等基本情况，并核查供种场家的相关资质证明。引入国内品种时，一般要到该品种主产地区的生产企业去引种；引入国外品种时，一般要直接到科研部门及育种场引种；二是确定引种时间，在调运时间上应考虑两地之间的季节差异。

一般而言，春、秋两季节最为适宜引种时间，此时温度适宜，如果引种距离较近，可不考虑季节，一年四季均可进行。由温暖地区向寒冷地区引种羊，应选择夏季为宜。由寒冷地区向温暖地区引种羊，以冬季为宜。

4. 完善饲养管理条件

引种场家必须具备完善的饲养管理基础设施、较好的营养条件、较高的技术水平、完整的育种体系和齐备的兽医诊治与防疫条件，方可发挥引进种羊的生产潜力。如不具备以上基本的养殖环境与生产条件，优良品种引进后可能很快出现品质倒退，不仅得不到引种效果和经济效益，反而会造成严重的经济损失。

5. 种羊选择

对拟引品种羊的鉴定要注意以下 5 个方面。

一是看精神状态。先观察羊群的精神、外貌、营养、肢势、呼吸、反刍状态，然后观察羊群运动时头、颈、腰、背、四肢的状态，观察采食、咀嚼、吞咽时的反应等。

二是看体型结构与营养状况。品质优良的羊个体应具备该品种的特征，要观察羊的体况、背腰是否平直，四肢是否端正，蹄色是否正常及整体结构等。羊体型结构良好，公羊雄壮，母羊匀称，膘情中上。

三是看外生殖器官。公羊睾丸大小正常，无隐睾、单睾现象，有雄性特征。母羊乳房对称，发育良好，体高、体长适中。

四是看年龄与生长阶段是否协调。种羊的体型外貌、生

产方向、生产特征方面符合品种标准。选择的个体是品种群中生产性能较高的羊，各项生产指标高于群体平均值。对于本身生产性能好的个体还要看父代、母代、祖父代、祖母代的生产成绩，特别是父代、母代的生产成绩。

五是种羊系谱要齐全。

6. 检疫与运输

种羊必须进行检疫，以防止引进种羊带入和传播传染病。经检疫人员检疫后，由引种地的畜牧部门开具产地检疫证、出县境动物检疫合格证、非疫区证明、车辆消毒证明。并核对证明的完整性和有效性，做到证物一致。

在运输引进种羊时，要注意运输安全。运输车辆在使用前要进行彻底的消毒，所引进的羊只在装运及运输过程中不可与偶蹄动物相接触。为使引入羊只生活环境的变化不至于过于突然，使机体有个逐步适应的过程，在调运时间上应考虑两地之间的季节差异。春秋两季节是最为适宜引种时间，此时温度适宜，运输途中应激反应小。由温暖地区向寒冷地区引种羊，应选择夏季为宜。夏季引种时，引种地点不能过远，应该在晚上运输，以免肉羊发生热应激反应和出现缺水等症状；由寒冷地区向温暖地区引种羊，以冬季为宜。冬季运输应该选择天气良好的白天进行，引种前一定要准备好优质的饲草。为了保证运输途中的安全，途中要及时给予充足的饮水，可以配备一些常用的预防和治疗应激反应的药物。

7. 科学合理的使用

种羊引进入驻地后，根据检疫需要，必须单独隔离饲养

观察。在隔离、观察期满后，若无疾患，可根据引入羊只的免疫情况结合当地免疫程序，进行免疫接种。经检查确定为健康后，方可供繁殖、生产使用。

（二）肉羊国外引种的注意事项

1. 肉羊进口申请审批

具有种畜生产经营许可证资质的种畜场在从境外引种肉羊品种之前，必须向省（自治区）畜牧主管部门提交申请引种报告，说明引种理由、品种、类型、数量、使用方向等内容。申请报告需上报农业部审核批准，才能办理后续的引种手续。如果是初次引种的品种，在上报引种申请之前，必须先由国家畜禽遗传资源委员会进行种用性能的评估。

2. 引种手续的办理

申请引种报告经国家农业部审核批准后，即可办理相关手续并实施检疫。引种单位可与引种国的畜牧部门或该品种的品种协会取得联系，现场考察并且签订相关合作协议。鉴定种羊时，必须认真检查血统记录，查看品种协会的品质鉴定资料，以确保种羊品质。

3. 进口种畜的检疫

引种单位与境外供种方签订相关合作协议后，即可向国家进出口检验检疫部门提出申请，同期办理检疫审批手续。一般情况下，进口种畜在海关要隔离观察 3 个月，海关凭口岸动植物检疫机关签发的检疫单证或者在报单上加盖的印章验放，方可进入国内转运程序。

（三）商品肉羊的购入

选购商品肉羊之前，首先要了解购买地或者羊场的疫病防控情况和羊只的健康状况，要注意不要从疫区购买羊只。

商品肉羊养殖场在购入羊之前要做好以下准备工作：一是饲养场地要进行全场喷雾消毒；二是配备好羊用常规兽药；三是根据购入羊的类型准备好相应的饲草、饲料。

购买的羊只选好后，应请当地畜禽检疫部门到现场进行监督检疫，经当地畜禽检疫部门检查合格，发给运输检疫证明才可装车起运。

肉羊起运前 5h 左右禁食，多补充饮水。在运输过程中，禁止在疫区车站、港口、机场装填草料、饮水和有关物资。

羊只进场 8 天内禁食，4 天内饮水中加电解多维，喂食草粉，4 天后慢慢增加精料，正常饮水。

羊只引入后至少隔离饲养 30 天，在此期间进行观察，经兽医检查确定为健康者方可合群饲养，并按照免疫计划对引进羊群进行注射疫苗。

二、药物预防及兽药使用规则

（一）药物预防

药物预防时通常把安全而价格低廉的药物加入饲料或饮水中，让羊自行采食和饮用，实施群体药物预防。常用的药物有磺胺类药物、抗生素、微生态制剂和中草药制剂。

1. 磺胺类药物和抗生素

此类药物添加到饲料或饮水的比例一般是：磺胺类药预

防量0.1%~0.2%，四环素族抗生素预防量0.01%~0.3%，一般连用5~7天，必要时也可酌情延长。此外，成年羊口服土霉素等抗生素时，常会引起肠炎等中毒反应。

2. 微生态制剂

微生态制剂又称益生素菌、益生素、促生素、益生菌剂、活菌制剂等，是由非病原微生物制取的用于调节动物机体微生态平衡的活菌制剂。微生态制剂多作饲料添加剂使用，可治疗动物因正常菌群失调引起的下痢。可长期添加，但不能和抗菌药物一同使用。

3. 中草药制剂

许多中草药及中药复方制剂能增强动物的免疫功能，提高机体抗病力，促进动物生长，并且有源自天然、资源丰富、价格低廉、无交叉耐药性、毒副作用小、无残留、作用广泛等优点。鉴于在无公害养殖、绿色养殖、有机养殖中，限制了抗生素和西药的应用，目前，中草药制剂已广泛用于羊病的防治。

（二）兽药的残留

1. 残留超标的原因

兽药残留超标的原因大多数是由不合理用药引起的。常见的原因主要有在疫病防治过程中随意加大用药量和次数、不遵守休药期规定、不按兽医师处方或药物标签和说明书用药（不按规定合理兽药配伍使用）、使用未经批准的药物、缺乏用药记录、屠宰前故意用药以及使用违禁药物（如克伦特罗等作促生长添加剂）或使用了含有兽药的饲料添加剂等。

2. 兽药残留的危害

长期食用兽药残留过高的食品会引起人体的多种急慢性中毒作用，诱导产生耐药菌株，引起变态反应以及“三致”(致癌、致畸和致突变）作用。兽药残留的危害作用主要有如下几方面。

(1) 引起毒性反应。许多兽药或添加剂都有一定的毒性作用。这些药物通常可以产生慢性毒性，蓄积毒性中毒反应及潜在“三致”作用，若一次摄入残留物的量过大，会出现急性中毒反应，长期食用兽药残留超标的食品后，当体内蓄积的药物浓度达到一定量时会对人体产生多种急慢性中毒。人体对氯霉素反应比动物更敏感，氯霉素能对人和动物的骨髓细胞，肝细胞产生毒性作用，严重时还会造成人的再生障碍性贫血；四环素类药物能够与骨骼中的钙结合，抑制骨骼和牙齿的发育，治疗量的四环素类药物可能具有致癌作用；庆大霉素、卡那霉素主要损坏前庭和耳蜗神经，导致眩晕和听力减退，并具有潜在的致癌作用；大环内酯类药物的红霉素、泰乐菌素等可致急性肝毒性，易发生肝损坏和听觉障碍；磺胺类药物主要引起过敏，中毒和导致耐药性菌的产生，还能引起造血系统障碍，发生急性溶血性贫血、糙细胞缺乏和再生障碍性贫血等；呋喃类药物具有致畸，致癌和致突变作用。

(2) 引起动物体内的细菌耐药性增加。在养殖业生产过程中，长期使用亚治疗量的药物后，可使动物机体内菌群产生耐药性，这些耐药菌株的耐药质粒通过食物链在动物、人和生态系统中的细菌中相互传递，使人和动物体内致病菌产生耐药性，使一些感染性疾病无法有效控制造成疾病恶化。由于抗菌药物的广泛使用，很多细菌已从单药耐药发展到多重耐药，动物细菌的耐药程度和种类越来越复杂。兽药残留在动物性食品中的浓度很低，但人类的病原菌在长期接触这些低浓度药物后，容易产生耐药性菌株。含有抗菌药物残留的动物性食品可能对人类胃肠道的正常菌群产生不良的影响，使一些非致病菌被抑制或死亡，造成人体内菌群的平衡失调，从而导致长期的腹泻或引起维生素的缺乏等反应，损害人的健康；另外，菌群失调还容易造成病原菌的交替感染，使得具有选择性作用的抗生素及其他化学药物失去疗效。青霉素、土霉素、金霉素、氟喹诺酮类药物等由于长期大剂量使用已产生了严重的细菌耐药现象，使用剂量已经是药物刚上市时的几倍或几百倍。

（3）引起过敏反应。经常食用一些含低剂量抗菌药物的食品会导致易感个体出现过敏反应，其药物包括青霉素、四环素、磺胺类药物及某些氨基糖苷类抗生素具有抗原性，可刺激机体内抗菌素抗体的形成，造成过敏反应。青霉素的代谢和降解产物具有很强的致敏作用，轻者表现为接触性皮炎和皮肤反应，重者表现为致死的过敏性休克；四环素药物可引起过敏和荨麻疹；磺胺类则表现为皮炎、白细胞减少、溶血性贫血和药热；喹诺酮类药物也可引起变态反应和致敏作用。

（4）引起“三致”作用。许多药物具有致癌、致畸、致突变作用。当人们长期食用三致作用药物残留的动物性食品时，药物在人体内不断蓄积，最终可引起基因突变或染色体

畸变而造成对人群的潜在危害。丁苯咪唑、丙硫咪唑和苯硫苯氨酯具有致畸作用；雌激素、克球酚、砷制剂、喹恶啉类、硝基呋喃类等已被证明具有致癌作用；喹诺酮类药物的个别品种已在真核细胞内发现有致突变作用；磺胺二甲嘧啶等磺胺类药物在连续给药中能够诱发啮齿动物甲状腺增生，并具有致肿瘤倾向；链霉素具有潜在的致畸作用。

（5）引起激素样作用。经常食用含低剂量激素残留的食品，或不断接触和摄入动物体内的内源性激素，就会干扰人体内的激素平衡，产生一系列激素样作用。使用雌激素、同化激素等作为动物的促生长剂，超量残留可能干扰人类的内分泌功能，产生内分泌功能紊乱，有的性早熟也可能与这类物质在食品中的残留有关。

（6）污染生态环境。在养殖生产中滥用兽药、药物添加剂会导致其排泄物、畜产品加工的废弃物未经无害化处理就排放于自然界中，一些性质稳定的药物被排泄到环境中后仍能稳定存在并不断蓄积，从而导致环境受到严重污染，对周围的土壤、微生物、水生生物及昆虫造成不良影响，最后危害人们身体健康。兽药残留对环境的影响程度取决于兽药对环境的释放程度及释放速度。有的抗生素在肉制品降解速度缓慢，如链霉素加热也不会丧失活性，有的抗生素降解产物比自体的毒性更大，如四环素的溶血及肝毒作用。

（7）严重影响畜牧业发展。长期滥用药物严重制约着畜牧业的健康持续发展。如长期使用抗生素易造成畜禽机体免疫力下降，抑制动物生产性能的发挥，甚至导致动物发病或死亡，滥用药物易引起细菌耐药性的产生及动物内原性感染

和二重感染，同时增加体内药物残留量，影响疫苗的接种效果。另外，药物残留往往是引发国际贸易中非贸易性技术壁垒障碍的重要因素之一，近年来，我国畜禽产品因兽药残留超标，已严重制约了出口贸易，给养殖业发展带来巨大经济损失。

3. 避免兽药残留的注意事项

第一，坚持用药记录制度。严格执行兽药使用的登记制度，必须对使用兽药的品种、剂型、剂量、给药途径、疗程或添加时间等进行登记，以备检查和溯源。

第二，严格遵守休药期规定。没有遵守休药期的规定是兽药残留产生的主要原因。药物的休药期受剂型、剂量和给药途径的影响，联合用药也会影响药物在体内的消除时间，必要时要适当延长休药期，以保证动物性食品的安全。

第三，避免标签外用药。正常情况下，食品动物禁止标签外应用，因为任何标签外应用均可延长兽药在动物体内的消除时间，使食品动物出现潜在的药物残留。在某些特殊情况下需要标签外用药时，必须采取适当的措施避免动物产品的兽药残留，采取超长的休药期，以保证消费者的安全。

第四，严禁使用违禁药物。为了保证动物性产品的安全，兽医师和食品动物饲养场均应按照兽药管理部门规定的食品动物禁用的兽药清单严格执行。

（三）中毒的预防

肉羊在饲养管理过程中，有毒植物、发霉饲料、饲料调

配不当、农药及化肥，灭鼠药等均可引起羊中毒的发生。发生中毒时，一是首先应使羊离开毒物现场，使其不能再食入或皮肤接触毒物，食入的部分应尽快洗胃排出或投服泻剂及吸附药物，同时，静脉放血后输入相应的葡萄糖生理盐水，也可注射利尿剂以促使毒物从肾脏排出。二是同时根据毒物的性质给以解毒药，例如，有机磷中毒用阿托品、解磷定，砷制剂中毒用二巯基丙醇，酸中毒用碳酸氢钠、石灰水等，同时结合不同情况给以强心、利尿和镇静剂。

（四）兽药的合理使用

科学、合理地使用兽药要求最大限度地发挥药物的预防、治疗或诊断等有益作用，同时使药物的有害作用降到最低程度。药物合理应用的前提条件是正确的诊断，对动物发病的原因、病原和病理学过程要有充分的了解，才能做到科学、合理用药。兽药使用不合理不但达不到治病防病作用，还会引起兽药在羊肉中的残留。

1. 兽药合理使用原则

兽药合理使用原则如下。

第一，准确诊断。确诊后选用高效、低毒的药物是合理用药的依据。当病因不明或未明确诊断时，不可轻易用药，切忌一见动物异常就乱用药物。

第二，对症、对因用药。综合对症、对因用药，即当动物症状严重甚至危及生命时，迫切需要使用药物消除症状，而当症状有所缓解时就应该对因治疗，消除致病原发因子，对因治疗才是用药的根本。

第三，选择正确给药方式。不同的给药方法可影响药效出现的快慢、维持时间、药效强弱，有时还会影响药物作用性质的改变。药物剂量是决定药物效应的关键因素，要做到安全有效，就应该严格掌握药物剂量范围，按规定的药量、时间与次数给药。

第四，实施兽药的合理配伍。临床常见的不合理配伍用药很多，不合理配伍既导致配伍药物失效或产生毒副作用，又无故增加了饲养者的经济负担，尤其是治疗混合感染性疾病时，很难取得理想的效果。

2. 兽药的配伍

兽药通常在联合用药时，药物间的配伍具有相加或协同作用有：繁殖期杀菌剂+静止期杀菌剂；繁殖期杀菌剂+慢效抑菌剂；静止期杀菌剂+速效抑菌剂；静止期杀菌剂+慢效抑菌剂；速效抑菌剂+慢效抑菌剂。药物间的配伍具有拮抗作用：速效抑菌剂对繁殖期杀菌剂有拮抗作用。先用繁殖期杀菌剂，用完3~5天后，再用速效抑菌剂。兽药使用配伍禁忌详见表4-1。

3. 兽药的合理使用

肉羊养殖场应开展良好的饲养管理，尽量减少疾病的发生，减少药物的使用。用于预防、治疗和诊断疾病的兽药必须凭临床兽医处方用药，严格执行休药期规定，所用兽药应符合《兽药管理条例》的规定，禁止使用未经国家畜牧兽医行政管理部门批准作为兽药使用的药物，详见表4-2、表4-3。

表 4-1　兽药配伍禁忌表

药物名称	主要成分	适应症	协同药物	配伍禁忌	说明
祈福	氟苯尼考等	胸膜肺炎、支原体	阿奇环素、杆菌消、健力源、泰灭净	克拉菌素、利福平、碱性药物	复杂的呼吸道感染，可以与呼立爽联合使用
呼立爽	泰妙菌素等	支原体、PRDC	阿奇环素、克拉菌素、健力源	盐霉素、甲基盐霉素和莫能霉素	对支原体感染、猪痢疾、增生性肠炎、产后感染效果很好，严重的呼吸道病与祈福同用
阿奇环素	强力霉素等	附红细胞体	祈福、呼立爽、泰灭净、健力源	克拉菌素、呋塞米、铁剂、利福平、重金属、钙制剂	对副猪、胸膜肺炎、呼吸道疾病综合征配合祈福或呼立爽效果好
泰灭净	磺胺六甲	弓形体、链球菌，萎缩性鼻炎	阿奇环素、祈福、喹诺酮类、利福平、健力源	克拉菌素、氨基糖苷类、酸性药物、V_C、氯化钙、止血敏、能量合剂、葡萄糖	对附红细胞体、链球菌、弓形体、萎缩性鼻炎配合阿奇环素效果很好
杆菌消	新霉素等	肠炎、胸膜肺炎	祈福、克拉菌素、氨茶碱（分边使用）、碳酸氢钠、小苏打、健力源、大环内酯类、立速健	同类、氯霉素类、柴胡（过敏性休克）、钙制剂、高蛋白食物（清除浓度 70%）、硫酸镁、磺胺类	对呼吸道配合祈福，对腹泻、关节肿大配合立速健效果更好

（续表）

药物名称	主要成分	适应症	协同药物	配伍禁忌	说明
克拉菌素	复方阿莫西林等	副猪嗜血杆菌，链球菌	杆菌消、呼立爽、立速健、健力源、丙磺舒、TMP	呋塞米、四环素类、氯霉素类、大环内酯类、洁霉素类	对副猪、链球菌、腹泻等配合杆菌消、立速健效果更好
泰磺菌素	泰乐菌素-磺胺二甲等	支原体、弓形体、衣原体、链球菌、萎缩性鼻炎、胸膜肺炎、大肠杆菌	祈福、健力源、杆菌消	克拉菌素、V_C	一般单用，配合健力源效果更好
力健	林可-大观、甲硝唑等	母猪产后保健，厌氧菌	呼立爽、立速健、健力源、TMP	克拉菌素、泰灭净	对呼吸道疾病综合征、支原体、猪痢疾、增生性肠炎等配合呼立爽效果好
健力源	富含免疫营养	免疫营养	与抗菌药物均有协同作用	没有配伍禁忌	强力对抗各种应激和免疫抑制、提供免疫营养而提高接种疫苗后的抗体滴度，解决药物的毒副作用
肠生源	富含生态营养	生态营养	与抗生素适当错开使用可抵消抗生素副作用	适当与抗生素错开使用	为肠道补充有益微生物及为肠道有益微生物提供营养。对预防便秘和肠道健康效果十分理想
立速健	牛至油	生态营养	与克拉菌素配伍，用于副猪嗜血杆菌有协同作用	没有配伍禁忌	对病毒、细菌、寄生虫引起的腹泻均有效果，并能提高其他抗生素的穿透性

表 4-2　肉羊饲养允许使用的抗寄生虫药、抗菌药及使用规定

类别	名称	制剂	用法与用量（用量以有效成分计）	休药期（天）
抗寄生虫药	阿苯达唑（albendazole）	片剂	内服，一次量，10~15mg/kg 体重	7
	双甲脒（amitraz）	溶液	药浴、喷洒、涂刷、配成 0.025%~0.05% 的乳液	21
	溴酚磷（bromphenophos）	片剂、粉剂	内服，一次量，12~16mg/kg 体重	21
	氯氰碘柳胺钠（closantel sodium）	片剂	内服，一次量，10mg/kg 体重	28
		注射液	皮下注射，一次量，5mg/kg 体重	28
		混悬液	内服，一次量，10mg/kg 体重	28
	溴氰菊酯（deltamethrin）	溶液剂	药浴，5~15mg/L 水	7
	三氮脒（diminazene aceturate）	注射用粉针	肌内注射，一次量，3~5mg/kg 体重，临用前配成 5%~7%溶液	28
	二嗪农（dimpylate）	溶液	药浴，初液，250mg/L 水；补充液，750mg/L 水（均按二嗪农计）	28
	非班太尔（febantel）	片剂、颗粒剂	内服，一次量，5mg/kg 体重	14
	芬苯达唑（fenbendazole）	片剂、粉剂	内服，一次量，5~7.5mg/kg 体重	6

（续表）

类别	名称	制剂	用法与用量（用量以有效成分计）	休药期（天）
抗寄生虫药	伊维菌素（ivermectin）	注射剂	皮下注射，一次量，0.2mg（相当于200单位）/kg体重	21
	盐酸左旋咪唑（levamisole hydrochloride）	片剂	内服，一次量，7.5mg/kg体重	3
		注射剂	皮下，肌内注射，7.5mg/kg体重	28
	硝碘酚腈（nitroxynilum）	注射液	皮下注射，一次量，10mg/kg体重，急性感染，13mg/kg体重	30
	吡喹酮（praziquantel）	片剂	内服，一次量，10~35mg/kg体重	1
	碘醚柳胺（rafoxanide）	混悬液	内服，一次量，7~12mg/kg体重	60
	噻苯咪唑（thiabendazole）	粉剂	内服，一次量，50~100mg/kg体重	30
	三氯苯唑（triclabendazole）	混悬液	内服，一次量，5~10mg/kg体重	28

（续表）

类别	名称	制剂	用法与用量（用量以有效成分计）	休药期（天）
抗菌药	氨苄西林钠（ampicillin sodium）	注射用粉针	肌内、静脉注射，一次量，10~20mg/kg 体重	12
	苄星青霉素（benzathine benzylpenicillin）	注射用粉针	肌内注射，一次量，3 万~4 万单位/kg 体重	14
	青霉素钾（benzylpenicillin potassium）	注射用粉针	肌内注射，一次量，2 万~3 万单位/kg 体重，1 天 2~3 次，连用 2~3 天	9
	青霉素钠（benzylpenicillin sodium）	注射用粉针	肌内注射，一次量，2 万~3 万单位/kg 体重，1 天 2~3 次，连用 2~3 天	9
	硫酸小檗碱（berberini sulfatis）	粉剂	内服，一次量，0.5~1g	0
		注射液	肌内注射，一次量，0.05~0.1g	0
	恩诺沙星（enrofloxacin）	注射液	肌内注射，一次量，2.5mg/kg 体重，1 天 1~2 次，连用 2~3 天	14
	土霉素（oxytetracycline）	片剂	内服，一次量，羔，10~25mg/kg 体重（成年反刍兽不宜内服）	5

（续表）

类别	名称	制剂	用法与用量（用量以有效成分计）	休药期（天）
抗寄生虫药	普鲁卡因青霉素（procaine benzylpenicillin）	注射用粉针	肌内注射，一次量，2万~3万单位/kg体重，1天1次，连用2~3天	9
		混悬液	肌内注射，一次量，2万~3万单位/kg体重，1天1次，连用2~3天	9
	硫酸链霉素（streptomycin sulfate）	注射用粉针	肌内注射，一次量，10~15mg/kg体重，1天2次，连用2~3天	14

注：无公害食品　肉羊饲养兽药使用准则，NY 5148—2002

表4-3　食品动物禁用的兽药及其他化合物清单

序号	兽药及其他化合物名称	禁止用途	禁用动物
1	β-兴奋剂类：克仑特罗（Clenbuterol）、沙丁胺醇（Salbutamol）、西马特罗（Cimaterol）及其盐、酯及制剂	所有用途	所有食品动物
2	性激素类：己烯雌酚（Diethylstilbestrol）及其盐、酯及制剂	所有用途	所有食品动物
3	具有雌激素样作用的物质：玉米赤霉醇（Zeranol）、去甲雄三烯醇酮（Trenbolone）、醋酸甲孕酮（Mengestrol，Acetate）及制剂	所有用途	所有食品动物

（续表）

序号	兽药及其他化合物名称	禁止用途	禁用动物
4	氯霉素（Chloramphenicol）、及其盐、酯（包括：琥珀氯霉素（Chloramphenicol Succinate）及制剂	所有用途	所有食品动物
5	氨苯砜（Dapsone）及制剂	所有用途	所有食品动物
6	硝基呋喃类：呋喃唑酮（Furazolidone）、呋喃它酮（Furaltadone）、呋喃苯烯酸钠（Nifurstyrenate sodium）及制剂	所有用途	所有食品动物
7	硝基化合物：硝基酚钠（Sodium nitrophenolate）、硝呋烯腙（Nitrovin）及制剂	所有用途	所有食品动物
8	催眠、镇静类：安眠酮（Methaqualone）及制剂	所有用途	所有食品动物
9	林丹（丙体六六六 Lindane）	杀虫剂	所有食品动物
10	毒杀芬（氯化烯 Camahechlor）	杀虫剂、清塘剂	所有食品动物
11	呋喃丹（克百威 Carbofuran）	杀虫剂	所有食品动物
12	杀虫脒（克死螨 Chlordimeform）	杀虫剂	所有食品动物
13	双甲脒（Amitraz）	杀虫剂	水生食品动物
14	酒石酸锑钾（Antimonypotassiumtartrate）	杀虫剂	所有食品动物
15	锥虫胂胺（Tryparsamide）	杀虫剂	所有食品动物
16	孔雀石绿（Malachitegreen）	抗菌、杀虫剂	所有食品动物
17	五氯酚酸钠（Pentachlorophenolsodium）	杀螺剂	所有食品动物

（续表）

序号	兽药及其他化合物名称	禁止用途	禁用动物
18	各种汞制剂包括：氯化亚汞（甘汞 Calomel），硝酸亚汞（Mercurous nitrate）、醋酸汞（Mercurous acetate）、吡啶基醋酸汞（Pyridyl mercurous acetate）	杀虫剂	所有食品动物
19	性激素类：甲基睾丸酮（Methyltestosterone）、丙酸睾酮（Testosterone Propionate）、苯丙酸诺龙（Nandrolone Phenylpropionate）、苯甲酸雌二醇（Estradiol Benzoate）及其盐、酯及制剂	促生长	所有食品动物
20	催眠、镇静类：氯丙嗪（Chlorpromazine）、地西泮（安定 Diazepam）及其盐、酯及制剂	促生长	所有食品动物
21	硝基咪唑类：甲硝唑（Metronidazole）、地美硝唑（Dimetronidazole）及其盐、酯及制剂	促生长	所有食品动物

注：1. 食品动物是指各种供人食用或其产品供人食用的动物；2. 农业部公告第 193 号。

4. 抗生素使用注意事项

抗生素的长期、大量使用会产生耐药性，并在畜产品中残留给人体健康带来危害，因此，在饲料中添加抗生素更应讲究添加的数量、方式和方法，尽量降低抗生素的危害，注意事项主要包括以下 5 个方面。

第一，要注意添加种类的影响。尽量选用动物专用抗生素，少用或不用人畜共用的抗生素，并且随环境条件的改变相应地改变抗生素的种类和剂量，随时注意环境卫生与消毒，从而提高抗生素的功效。

第二，要注意添加数量和均匀程度。不能为保证疗效而加大添加数量，引起病原菌的耐药性增强。使用抗生素时应采取逐步拌匀的方式，即先制成预混剂，然后再均匀拌入饲料中。不可将抗生素纯品直接拌入饲料，以免因搅拌不均而造成中毒。

第三，要注意用药时间。要严格控制用药时间，有效限制药物在畜禽产品中的残留量。一种抗生素在使用一段时间后会产生抗药性，长期使用同种抗生素会抑制肠道某些有益微生物的正常生长和繁殖。

第四，要注意配伍禁忌。注意抗生素配伍禁忌，防止可能引起畜禽中毒死亡。

第五，要注意区别动物使用种类。不同畜禽种类、同一畜禽的不同生长阶段对抗生素的使用方式和剂量有区别。

三、消毒制度与方法

通过科学合理的消毒不但可以预防羊疫病的发生和传播，防止动物群体和个体的交叉感染，而且可消除非常时期和非常状态下传染病的发生，预防和控制新出现传染病的流行，并可防止人兽共患病对其他动物、兽医工作人员、养殖人员的感染及对人类的危害。

（一）严格消毒制度

羊场必须建立切实可行的消毒制度，按规定经常、定期和随时对饲养场的环境、羊舍地面和墙壁、仓库、车间、器具、病羊的排泄物与分泌物、工作服、污水，甚至饲料进行消毒，尤其是发生疫情后，必须按规定进行全面彻底的消毒，杀灭散播于外界环境中的病原微生物，消灭传染源，切断传播途径，阻止疫病继续蔓延。

1. 预防消毒

（1）环境消毒。羊场周围及场内污水池、粪收集池、下水道出口等设施每月应消毒 1 次。一是对羊的圈舍、活动场地及用具等要经常保持清洁、干燥。二是粪便及污物要做到及时清除，并堆积发酵。三是防止饲草、饲料发霉变质，尽量保持新鲜、清洁以及其水源的清洁。四是注意消灭蚊蝇，防止鼠害，飞鸟等。羊舍周围环境定期用 2%氢氧化钠溶液或撒生石灰消毒。羊场周围及场内污水池、排粪坑、下水道出口，每月用漂白粉消毒 1 次。

（2）入场消毒。养殖场和羊舍的入口处设置供车辆通行

的道路消毒池，内置浸有4%氢氧化钠溶液的草垫，消毒液要定期更换。人员进入羊场应在消毒室通过脚踏消毒池或经漫射紫外线照射5~10min进行消毒。进入生产区净道和羊舍，要更换工作服和工作鞋。工作服和鞋、帽应定期清洗、更换，清洗后的工作服晒干后使用消毒药剂熏蒸消毒，工作服不准穿出生产区。

（3）羊舍消毒。羊舍的全面消毒按羊群排空、清扫、洗净、干燥、消毒、干燥、再消毒顺序进行。消毒前，应对设备、用具和墙壁等部位的积垢进行清扫，然后清除所有垫料、粪肥，清除的污物集中处理。先用2%的氢氧化钠溶液或5%甲醛溶液喷洒消毒。24h后用高压水枪冲洗，干燥后再用消毒药喷雾消毒1次。喷雾消毒要使消毒对象表面至湿润挂水珠为宜。对易于封闭的圈舍，最后一次最好把所有用具放入圈舍再进行密闭熏蒸消毒。消毒完成后，应保持不少于2周的空舍时间。羊群进圈前5~6天对圈舍的地面、墙壁用2%氢氧化钠溶液彻底喷洒。24h后用清水冲刷干净再用常规消毒液进行喷雾消毒。

一般情况下，羊舍应每周进行1次常规消毒，每年再进行2次大消毒。在产羔前应对产房消毒1次，产羔高峰时要消毒多次，产羔结束后再对产房消毒1次。在病羊舍、隔离舍的出入口处应放置浸有4%氢氧化钠溶液的麻袋片或草垫，以防止病原微生物扩散。

羊舍的地面土壤表面可用10%漂白粉溶液、4%福尔马林或10%氢氧化钠溶液进行消毒。停放过芽胞杆菌所致传染病（如炭疽菌）病羊尸体的场所，应严格加以消毒；养殖场的污

水常用的消毒方法是将污水引入处理池，加入化学药品（如漂白粉或其他氯制剂）进行消毒，一般1L污水用2~5g漂白粉。

（4）用具及运载工具消毒。对养殖场内的分娩栏、补料槽、饲料车、料桶、人工输精器械等饲养、繁育用具应定期进行严格消毒，可采用紫外线照射或消毒药喷洒消毒，然后放入密闭室内用福尔马林熏蒸消毒30min以上。

（5）带羊消毒。进行带羊消毒，减少环境中的病原体。一般选用高压动力喷雾器或背负式手摇喷雾器进行消毒。消毒的方式是先内后外、逐步喷洒，喷到墙壁、屋顶、地面的消毒液以均匀湿润和羊体表稍湿为宜，不得对羊直喷。带畜消毒的关键是要选用杀菌（毒）作用强而对羊群无害，同时对塑料和金属器具腐蚀性小的消毒药，一般可选用0.3%过氧乙酸、0.1%次氯酸钠、菌毒敌、百毒杀等。雾粒直径应控制在80~120μm之间。消毒后，一定要做好畜舍的通风换气。

2. 紧急消毒

紧急消毒是在羊群发生传染病或受到传染病的威胁时采取的紧急措施。首先应对羊舍墙壁、地面、笼具，特别是屋顶木架等要彻底消毒，然后再进行清理和清洗。参加疫病防控的工作人员，包括穿戴的工作服、鞋、帽及器械可采用消毒液浸泡、喷洒、洗涤等方法进行严格的消毒，消毒过程中所产生的污水应作无害化处理。

3. 养殖区的人员管理要点

（1）进入养殖场的人员。须按照指定通道，经过消毒池

或消毒垫（鞋子消毒）、消毒液（手的消毒）和紫外线照射等消毒措施后，方可进入。

(2) 外来人员禁止入内。谢绝参观。若生产或业务需要，也必须严格按照生产人员入场时的消毒程序消毒后入场。

(3) 任何人不准带食物（尤其是生肉或含肉制品的食物）进入养殖场。

(4) 饲养人员各司其责。不得窜区窜舍和互相借用工具。

（二）消毒方法

1. 物理消毒法

这是指用物理方法杀灭病原体包括机械清除、热力、光线等方法。该方法操作简单、方便，不用药剂，不会在羊体内蓄积药物，是一种绿色环保的消毒方法。

(1) 机械清除法清扫。洗刷圈舍地面、清除粪尿、垫草、饲料残渣，洗刷畜体被毛除去体表污物及附在污物上的病原体，以减少或清除病原体。该方法可以有效地减少畜禽圈舍及体表的病原微生物，再配合其他消毒方法常可获得较好的消毒效果。

(2) 日光消毒法。将物品置于日光下，利用太阳光中紫外线、阳光的灼热和干燥作用使病原体灭活，具有较强的杀菌消毒作用。利用对牧场、草地、畜栏、用具和物品等进行阳光暴晒是一种简单、经济、易行的消毒方法。但需要在阳光下照射较长时间才能达到消毒作用。

(3) 紫外线消毒法。用紫外线灯照射以杀灭空气中或物体表面的病原微生物。利用水银石英灯、水银紫外线灯可获得人工紫外线，广泛用于空气及一般物品表面消毒。

（4）高温消毒法。高温消毒法主要包括以下方法。

① 焚烧法：用于染疫的畜禽尸体、病畜的垫草、病料以及污染的垃圾、废弃物等物品的消毒。可直接点燃或在焚烧炉内焚烧。

② 火焰消毒法：一是对实验室的接种针、接种环、试管口、玻片等耐热的器材将其直接用火焰烧灼灭菌；二是用喷灯对羊只经常出入的地方、产房、培育舍，每年进行1~2次火焰瞬间喷射消毒。

③ 煮沸消毒法：该方法适用于一般器械如刀剪、注射器、针头等的消毒。此法操作简便、经济、实用且效果比较可靠，是最常用的消毒方法之一。煮沸消毒时消毒时间应从水煮沸后开始计算，在煮沸过程中不要加入新的消毒物品。一次消毒物品不宜过多，一般应少于消毒容器的3/4。

④ 流通蒸汽消毒法：又称为常压蒸汽消毒法，常用于不耐高温高压物品的消毒。该方法是在1个标准大气压下用100℃左右的水蒸气进行消毒。消毒时间应从水沸腾后有蒸汽冒出时开始计算。

⑤ 高压蒸汽灭菌法：即利用高压灭菌器进行消毒灭菌，该方法杀菌效果最好。此法常用于耐高热的物品，如普通培养基、金属器械、敷料、针头等的灭菌。在密闭条件下，蒸汽压力达到100kPa，温度为121.3℃，经过30min即可杀灭所有的繁殖体和芽孢。

2. 化学消毒法

化学消毒法在羊场最为常用，即使用化学消毒剂使病原体的蛋白质凝固、变性而失去活性，或使病原体的增殖发生

障碍，从而杀灭微生物。在疫病防制过程中常常利用各种化学消毒剂对病原微生物污染的场所、物品等进行清洗、浸泡、喷洒、熏蒸以达到杀灭病原体的目的。各种消毒剂除对病原微生物具有广泛的杀伤作用，对人和动物的组织细胞也有损伤作用，使用时应予以注意。常用的化学消毒法主要有：

（1）喷雾消毒：用喷雾器将化学消毒剂均匀喷洒在设备和物体表面进行消毒。一般进行羊舍消毒、带羊环境消毒、羊场道路和周围以及进入场区的车辆消毒。常用的消毒剂主要有次氯酸盐、有机碘混合物、过氧乙酸、新洁尔灭、煤酚（来苏儿）等。

（2）喷洒消毒：将消毒液通过喷雾器或洒水壶喷洒于设备或物体表面。

（3）浸液消毒：将物品浸泡于消毒液中以杀灭病原体。一般用于洗手、洗工作服或对胶靴进行消毒。常用的消毒剂有新洁尔灭、有机碘混合物或煤酚的水溶液。

（4）熏蒸消毒：利用消毒剂挥发或在化学反应中产生的气体，以杀死封闭空间中的病原体。一般由于对饲喂用具和器械在密闭的室内或容器内进行熏蒸消毒。常用的消毒剂有甲醛等。

（5）擦拭消毒：用消毒剂擦拭被污染的物体表面或进行皮肤的消毒。适用于羊舍地面、墙裙、器具的消毒，或注射部位皮肤的消毒，以及伤口、术部的消毒。

3. 生物消毒法

这是通过堆积发酵、沉淀池发酵、沼气池发酵等产热或产酸以杀灭粪便、污水、垃圾及垫草等内部病原体的方法。

在畜禽养殖场中最常用是粪便和垃圾的堆积发酵，此法只能杀灭粪便中的非芽孢性病原微生物和寄生虫卵，不适用于芽孢菌及患危险疫病畜禽的粪便消毒。

（三）消毒剂的选择与消毒方法

消毒剂一般具有不良气味、具有刺激性及腐蚀作用，只能用于环境和器具的消毒。羊场常用消毒剂及其使用方法详见表4-4。

表4-4　羊场常用消毒剂

名　称	常用浓度（%）	消毒对象	消毒方法	注意事项
氢氧化钠	2~5	圈舍、车间、车船、用具	喷洒	对皮肤有腐蚀，不能用于金属制品
石灰	生石灰	地面	干撒	保持干燥
	10~20石灰乳	圈舍、墙壁、地面	喷洒	现配现用
漂白粉	10~20乳剂	污水、圈舍、用具	喷洒	使用时配用；有腐蚀及漂白作用，不宜用于金属制品、有色衣服
草木灰	30	环境	喷洒	草木灰煮沸，过滤取上清液
甲醛溶液	2~4	圈舍、仓库、车间	喷洒	具有一定毒性和刺激性，注意防护
	5~10	车辆	熏蒸	
过氧乙酸	0.2~0.5	圈舍、用具、带羊环境	喷雾	现配现用；浓溶液有刺激性及腐蚀性，对金属有腐蚀性
煤酚（来苏儿）	3~5	圈舍、场地、器具、手臂	喷洒	先清除污物，再进行消毒
新洁尔灭	0.1	圈舍、饲槽、体表、手臂	喷洒，浸泡	与肥皂、碘、高锰酸钾等阴离子表面活性剂有拮抗作用

（续表）

名　称	常用浓度（%）	消毒对象	消毒方法	注意事项
乙醇	75	注射部位皮肤	涂擦	有刺激性，不能用于黏膜和创面抗感染
碘酊	2~5	注射部位皮肤	涂搽	对皮肤有较强的刺激作用，不能用于黏膜消毒

肉羊养殖场兽医卫生室各种诊疗器械及用品的消毒方法详见表4-5。

表4-5　各种诊疗器械及用品的消毒方法

消毒对象	消毒药物及方法
体温计	先用1%过氧乙酸溶液浸泡5min，然后放入1%过氧乙酸溶液中浸泡30min
注射器	0.2%过氧乙酸溶液浸泡30min，清洗，煮沸或高压蒸汽灭菌。注意：针头用肥皂水煮沸消毒15min后，洗净，消毒后备用；煮沸时间从水沸腾时算起。消毒物应全部浸入水内
各种塑料接管	将各种接管分类浸入0.2%过氧乙酸溶液中，浸泡30min后用清水冲净；接管用肥皂水刷洗。清水冲净。烘干后分类高压灭菌
药杯、换药碗（搪瓷类）	将药杯用清水冲净残留药液，然后浸泡在1：1 000新洁尔灭溶液中1h；将换药碗用肥皂水煮沸消毒15min，然后将药杯与换药碗分别用清水刷洗冲净后，煮沸消毒15min或高压灭菌。如药杯系玻璃类或塑料类，可用0.2%过氧乙酸浸泡2次，每次30min后清洗烘干。注意：药杯与换药碗不能放在同一容器内煮沸或浸泡；若用后的药碗染有各种药液颜色，应煮沸消毒后用去污粉擦净、清洗，揩干后再浸泡；冲洗药杯内残留药液流下来的水须经处理后再弃去
托盘、方盘、弯盘（搪瓷类）	将其分别浸泡在1%漂白粉清液中1h；再用肥皂水刷洗、清水冲净后备用；漂白粉清液每2周更换1次，夏季每周更换1次

（续表）

消毒对象	消毒药物及方法
污物敷料桶	将桶内污物倒出后，用 0.2% 过氧乙酸溶液喷雾消毒，放置 30min；用碱水或肥皂水将桶刷洗干净，用清水洗净后备用。 注意：污物敷料桶每周消毒 1 次；桶内倒出的污物、敷料须消毒处理后回收或焚烧处理
污染的镊子、止血钳等金属器材	放入 1%肥皂水中煮沸消毒 15min，用清水将其冲净后，再煮沸 15min 或高压灭菌后备用
锋利器械（刀片及剪、针头等）	浸泡在1∶1 000新洁尔灭水溶液中 1h，再用肥皂水刷洗，清水冲净，揩干后浸泡于1∶1 000新洁尔灭溶液消毒盒中备用。 注意：被脓、血污染的镊子、钳子或锐利器械应先用清水刷洗干净，再进行消毒；洗刷下的脓、血水按每 1 000mL 加入过氧乙酸原液 10mL 计算（即 1%浓度），消毒 30min 后才能弃掉；器械使用前，应用 0.85%灭菌生理盐水淋洗
开口器	将开口器浸入 1%过氧乙酸溶液中，30min 后用清水冲洗，再用肥皂水刷洗，清水冲净，揩干后，煮沸 15min 或高压灭菌。 注意：应全部浸入消毒液中
硅胶管	将硅胶管拆去针头，浸泡在 0.2%过氧乙酸溶液中，30min 后用清水冲净；再用肥皂水冲洗管腔后，用清水冲洗，揩干。 注意：拆下的针头按注射器针头消毒处理
手套	将手套浸泡在 0.2%过氧乙酸溶液中。30min 后用清水冲洗；再将手套用肥皂水清洗，清水漂净后晾干。 注意：手套应浸没千过氧乙酸溶液中，不能浮于药液表面
橡皮管、投药瓶	用浸有 0.2%过氧乙酸的抹布擦洗物件表面；用肥皂水将其刷洗、清水冲净后备用
导尿管、肛管、胃导管等	将物件分类浸入 1%过氧乙酸溶液中，浸泡 30min 后用清水冲洗；再将上述物品用肥皂水刷洗，清水冲净后，分类煮沸 15min 或高压灭菌后备用。 注意：物件上的胶布痕迹可用乙醚或乙醇擦除
输液、输血皮管	将皮管针头拆去后，用清水冲净皮管残留液体，浸泡在清水中；将皮管用肥皂水反复揉搓，清水冲净，揩干后，高压灭菌备用；拆下的针头按注射针头消毒处理

（续表）

消毒对象	消毒药物及方法
手术衣、帽、口罩等	将其分别浸泡在0.2%过氧乙酸溶液中30min，用清水冲洗；肥皂水搓洗，清水洗净晒干，高压灭菌备用。 注意：口罩应与其他物品分开洗涤
创巾、敷料等	污染血液的，先放在冷水或5%氨水内浸泡数小时，然后在肥皂水中搓洗，最后用清水漂净；污染碘酊的，用2%硫代硫酸钠溶液浸泡1h，清水漂洗，拧干，浸于0.5%氨水中，再用清水漂净；经清洗后的创巾、敷料分包，高压灭菌备用。被传染性物质污染时，应先消毒，后洗涤，再灭菌

（四）消毒药使用的注意事项

第一，消毒药要求保存在阴凉、干燥、避光的环境下，否则会造成消毒药的吸潮、分解、失效。

第二，购买和使用消毒药要注意外包装上的生产日期和保质期，必须在有效期内使用。

第三，实际使用时，尽量不要把不同种类的消毒药混在一起使用，防止2种成分发生拮抗反应，削弱甚至失去消毒作用。

第四，消毒池内的消毒药应定期调换，以确保有效的消毒效果。

第五，免疫前后1天和当天（共3天）不喷洒消毒药，前后2~3天和当天（共5~7天）不得饮用含消毒药的水，否则，会影响免疫的效果。

第六，一般的消毒剂用水稀释后稳定性会变差，所以要现用现配，不宜久放。

第七，定期轮换使用、恰当配伍使用。由于不同类型的微生物对消毒剂的抵抗力不同，某种致病菌可能不能被杀灭而大量繁殖，对消毒剂也可能产生抗药性，而且长期使用同种消毒剂，也容易使细菌、病毒产生耐药性，从而降低了应有的消毒效果。

四、驱虫和药浴

（一）羊的驱虫

在羊的寄生虫病防治过程中，多采取以定期（每年2~3次）预防性驱虫的方式，以避免羊在轻度感染后的进一步发展而造成严重危害。驱虫时机要根据对当地羊寄生虫的季节动态调查而定，一般可在每年春、秋各安排1次，这样有利于羊的抓膘及安全越冬。

1. 驱虫时间

一般对羊只实施2次综合防治驱虫，第一次春季驱虫应在成虫期前进行，第二次冬季驱虫应在感染后期驱治。在寄生虫感染比较严重的地区，可适当增加驱虫次数。例如，对羊的吸虫、绦虫在每年春季、夏季、秋季各驱虫1次，线虫每年春季、秋季2次或四季驱虫。对牧羊犬则应实施全年12次驱虫。

2. 驱虫方法

驱虫药物的配制和使用要求剂量准确，严禁超剂量用药。在同一地区，不能长期使用单一品种的药物，应经常更换驱虫药，或联合用药，以减少耐药虫株的出现。驱虫羊应在清晨投药前空腹，牧羊犬驱治前应禁食12h以上。驱治后，应

对羊群加强护理和跟踪观察。投药后，应固定区域排虫不少于3天，对排泄物集中焚烧或深埋，场地应用火焰消毒处理，防止病原污染。

(1) 母羊驱虫。在配种前25天用丙硫咪唑（抗蠕敏），按每千克体重15~20mg内服驱虫。间隔10天再驱虫一次。已怀孕的母羊暂不可驱虫，待分娩后20天左右再驱虫。种公羊分别于每年春季3~4月和秋季9~10月用丙硫咪唑（抗蠕敏），按每千克体重15~20mg内服驱虫，每次驱虫10天后再补驱一次。

(2) 羔羊驱虫。一般在50日龄驱第一次，90日龄驱第二次，以后每隔3个月再驱一次。

(3) 育成羊驱虫。一般每年两次。第一次时间在3~4月进行，10天后再驱一次。第二次时间可选在秋季的9~10月驱虫，10天后再驱一次。

3. 驱虫药物的选择

应根据当地羊体寄生虫病流行情况，应选择高效、广谱、低毒、低残留、使用方便的药物和给药时机、给药途径。在生产中可有针对性地选择驱虫药物、或交叉用2~3种驱虫药、或重复使用2次等都会取得更好的驱虫效果。大群驱虫时，无论选择何种驱虫药，应先对少数羊进行驱虫试验，确定安全有效后再全面实施。

不同的驱虫药对寄生虫敏感性不同。治疗肠道线虫用左旋咪唑，口服按每千克体重8~10mg，肌内注射按每千克体重7.5mg。首次给药后2周再用药一次，0.3%的浓度可起到预防作用。也可口服丙硫咪唑，每千克体重5mg。

使用阿维菌素或精制敌百虫也有很好的效果；治疗肺线虫选用氰乙酰肼，每千克体重内服 17.5mg，羊体重在 30kg 以上的，用药总量不超过 450kg。也可以皮下注射，每千克体重 15mg。如果发生中毒症状，可用同剂量维生素 B_6 解救；治疗肝片吸虫选用硝氯酚，每千克体重内服 3～4mg，皮下注射 1～2mg。也可用丙硫咪唑，每千克体重 10mg；治疗焦虫病肌内注射 7%贝尼尔，每千克体重 5～7mg。隔 24h 再注射一次。或用磷酸博宁奎，每次每只注射 50～70mg，2～3 次即可。治疗体外寄生虫常用敌百虫治羊鼻蝇。内服敌百虫，每千克体重 60～70mg；治疗疥螨、羊螨用 0.5%的敌百虫水溶液、0.03%磷丹乳油（即每 500mL 原药加水 500kg）、除癞灵每 100mL 加水 30～40kg，也可肌内注射阿维菌素等。

4. 驱虫的注意事项

一是肉羊在驱虫前要禁食，于早晨空腹时投药。若禁食时间长时，也可因腹内过于空虚而发生中毒；二是驱虫药有一定毒性，对驱虫药的剂量、浓度要掌握准确、不过量；三是在驱虫前要根据所投喂的药品准备好解毒工作。由于羊只个体对药物的感受性不同和人工操作的原因，有时也会出现中毒想象，在大群驱虫时要仔细观察，及时发现并抢救中毒肉羊。

（二）羊的药浴

药浴是对羊的螨、蜱、虱、蝇、蚤等寄生虫病的防治。

1. 药浴时间

通常在每年春、秋进行 2 次药浴，第一次在春季剪毛后 7~10 天进行，第二次在深秋进行，根据各自生产情况每年也可只进行 1 次药浴，但所有羊只必须进行秋季药浴。

2. 药浴药剂的选择

绵羊药浴常用的药剂详见表 4-6。

表 4-6 绵羊药浴常用的药剂

名 称	用法与用量	备注
杀虫咪	配制成 0.1%~0.2%的水溶液使用	
50%锌硫磷乳油	100kg 水加 50g 锌硫磷乳油，有效浓度为 0.05%	低毒高效
石硫合剂	生石灰 15kg，硫黄粉末 25kg，用水拌成糊状，再加水 300kg 煮沸，边煮边用木棒搅拌，待呈浓茶色时为止。煮沸过程中蒸发掉的水分要补足，弃去沉渣，保留上清液，加入 1 000kg 温水即可	安全有效、价廉
敌百虫	纯敌百虫粉 1kg 加水 200kg，配制成 0.5%的敌百虫药浴液使用	
30%烯虫磷乳油	药浴时按 1∶1 500 倍稀释，即 1kg 药液加水 1 500kg	

3. 药浴方法

药浴应选择晴朗无大风的天气，在日出后的上午进行，以便药浴后中午羊毛能干燥。药浴液应充分溶解，搅拌均匀，浓度适宜，当天配制和使用。具体方法如下：

(1) 药浴的时间最好是剪毛后 7~10 天。并选在晴朗、无风、温和的天气进行。第一次药浴后，最好间隔 7 天再药

浴一次，以确保效果。

（2）药浴前 8h 停止喂料。入浴前 2h 给羊饮足水，以免羊入药浴池后吞饮药液。

（3）药浴的顺序是先让健康羊浴。有疥癣的羊最后浴。

（4）药液的深度以淹没羊体为原则。浴池为一个狭长的走道，当羊走近出口时，要将羊头压入药液内 1~2 次，以防头部发生疥癣。

（5）为防止药物中毒，先用少数羊试浴。认为安全后，再让大群羊入浴；应先浴健康羊，后浴疥癣羊。

（6）羊在药浴池中停留 3~4min 为宜。药浴中用压扶杆将羊头压入药液中 2~3 次，使周身都受到药液浸泡。

（7）羊离开药池后在滴流台上停留 20min。待身上药液滴流入池后，才将羊收容在凉棚或宽敞的厩舍内，免受日光照射。同时，也禁止在密集高温、不通风的场所停留，以免吸入药物中毒。浴后 6~8h 后，方可饲喂或放牧。

（8）两个月以内的羔羊、妊娠两个月以上的母羊、病羊和有外伤的羊，不宜进行药浴。

（9）成羊和大羔羊要分别药浴。以免相互碰撞而发生意外。

（10）羔羊。因毛较长，药液在毛丛中存留时间长，药浴后 2~3 天仍可发生中毒现象，浴后要注意观察。

（11）牧羊犬。也应同时进行药浴。

（12）工作人员。应带好口罩和橡皮手套，以防中毒。

五、免疫接种

肉羊养殖场在生产过程中，应结合羊场实际情况和《动物防疫法》及其配套法规的要求，制订疫病的免疫工作方案和疫病监测方案，有针对性地选择适宜的疫苗、免疫程序和免疫方法，进行预防接种和疫病监测工作。同时，由动物防疫监督机构定期对口蹄疫、羊快疫、布鲁氏菌病等进行重点监测。

（一）免疫接种方法

羊的免疫接种，可用饮水、混饲和气雾免疫的方式进行群体免疫，也可用滴鼻、注射（包括肌内、皮下、皮内、静脉注射）进行羊的个体免疫。但羊的群体免疫对羔羊的免疫效果不好，个体免疫又费时费力，劳动强度大。

一般而言，弱毒苗多采用口服、滴鼻和气雾等方式接种；灭活苗、免疫血清以注射为宜。某种疫苗有多种接种方法时，应根据生产的具体情况和疫苗的特性及免疫效果来确定免疫接种途径。免疫工作结束后，免疫接种器械应彻底消毒，接种疫苗的用具和剩余的疫苗应做无害化处理。

（二）羊病防治常用疫苗

羊的免疫接种一般在春、秋两季进行。羊传染病防治常用疫苗和免疫血清详见表4-7。

表 4-7 羊主要传染病防治常用疫苗和免疫血清

传染病名称	疫苗、免疫血清	用途	用法与用量（每只）	免疫期（月）
口蹄疫	牛口蹄疫 O 型灭活疫苗	预防羊 O 型口蹄疫	肌内注射，1 岁以上羊 1mL；1 岁以下羊 0.5mL	6
	口蹄疫 O 型鼠化弱毒活疫苗	预防 4 月龄以上羊 O 型口蹄疫	皮下注射，1mL	6~8
	口蹄疫 O 型、亚洲 I 型二价灭活疫苗	预防羊 O 型、亚洲 I 型口蹄疫	后肢肌内注射，成年羊 1mL，羔羊 0.5mL	6
	牛口蹄疫 O 型、A 型二价灭活疫苗	预防羊 O 型、A 型口蹄疫	肌内注射，1 岁以上羊 1mL，1 岁以下羊 0.5mL	6
羊梭菌病	羊梭菌病多联灭活疫苗	预防羊快疫、羔羊痢疾、猝狙、肠毒血症和黑疫	皮下或肌内注射，5mL	6~12
	羊梭菌病多联干粉灭活疫苗	预防羊快疫、羔羊痢疾、猝狙、肠毒血症、黑疫、肉毒中毒症和破伤风	肌内或皮下注射，1mL	12
	抗羔羊痢疾血清	预防及早期治疗羔羊痢疾	在流行区，皮下或肌内注射，1~5 日龄羔羊 1mL；静脉或肌内注射，病羔3~5mL	
肉毒梭菌中毒症	肉毒梭菌中毒症 C 型灭活疫苗	预防绵羊的 C 型肉毒梭菌中毒	皮下注射，常规苗 4mL，透析苗 1mL	绵羊 12

（续表）

传染病名称	疫苗、免疫血清	用　途	用法与用量（每只）	免疫期（月）
羊大肠杆菌病（大肠埃希氏菌病）	羊大肠埃希氏菌病灭活疫苗	预防绵羊、山羊大肠杆菌病	皮下注射，3 月龄以上羊 2mL，3 月龄以下羊 0.5~1mL	5
	绵羊大肠埃希氏菌病活疫苗	预防绵羊大肠杆菌病	皮下注射，1 头份（含 10 万个活菌）；室内气雾免疫，用 10 个注射剂量，露天气雾免疫，用 3 000个注射剂量	6
羊痘	山羊痘活疫苗	预防山羊痘及绵羊痘	尾根内侧或股内侧皮内注射，0.5mL	12
	绵羊痘活疫苗	预防绵羊痘	尾根内侧或股内侧皮内注射，0.5mL	12
羊支原体肺炎性肺炎	羊支原体肺炎灭活疫苗	预防羊支原体性肺炎	颈部皮下注射，成年羊 5mL，6 月龄以下羔羊 3mL	18
炭疽	Ⅱ号炭疽芽孢苗	预防羊炭疽	皮下注射，1mL；或皮内注射，0.2mL	山羊 6，绵羊 12
	无荚膜炭疽芽孢疫苗	预防绵羊炭疽	颈部皮下或后腿内侧皮下注射，绵羊 0.5mL	绵羊 12
	山羊炭疽疫苗	预防山羊炭疽	颈部皮下注射，6 月龄以上山羊 2mL	
	抗炭疽血清	治疗或预防羊炭疽	预防，皮下注射，16~20mL；治疗，静脉注射 50~120mL，可增量或重复注射	6

（续表）

传染病名称	疫苗、免疫血清	用　途	用法与用量（每只）	免疫期（月）
羊链球菌病	羊链球菌病灭活疫苗	预防羊链球菌病	皮下注射，5mL	6
	羊链球菌病活疫苗		尾根皮下注射，6 月龄以上羊 1mL	12
布鲁氏菌病	布鲁氏菌病活疫苗（M5）	预防山羊、绵羊布鲁氏菌病	皮下注射，10 亿个活菌；滴鼻，10 亿个活菌；室内气雾，10 亿个活菌；室外气雾，50 亿个活菌；口服，250 亿个活菌	24
	布鲁氏菌病活疫苗（S2）		口服，100 亿个活菌，间隔 1 个月，再服用 1 次；皮下或肌内注射，山羊 25 亿个活菌，绵羊 50 亿个活菌	36
羊口疮	羊口疮弱毒疫苗	预防羊口疮	口腔黏膜内注射，0. 2mL	6
气肿疽	气肿疽灭活疫苗	预防羊气肿疽	皮下注射，1mL	6
羊衣原体病	羊衣原体病灭活疫苗	预防羊衣原体病	皮下注射，3mL	6
破伤风	破伤风类毒素	预防羊破伤风	皮下注射 0. 5mL	12
	破伤风抗毒素	预防和治疗羊破伤风	皮下、肌内或静脉注射，预防 1 200~3 000单位，治疗 5 000~20 000单位	
狂犬病	狂犬病灭活疫苗	预防羊狂犬病	皮下或肌内注射，10~25mL	6
伪狂犬病	伪狂犬病活疫苗	预防绵羊伪狂犬病	肌内注射，4 月龄以上绵羊 1mL	12
	伪狂犬病灭活疫苗	预防山羊伪狂犬病	颈部皮下注射，山羊 5mL	6

注：疫苗的性状、接种剂量和方法、注意事项和贮藏详见产品说明书。

（三）制定合理的免疫程序

●羔羊和生产母羊免疫程序●

在养羊生产过程中，应根据当地的疫情、周边环境以及养殖场的实际情况，制定出适合本羊场的羊的传染病免疫程序。羔羊、生产母羊的参考免疫程序详见表4-8、表4-9。

表4-8 出生后至初产母羊免疫程序

接种时间	疫苗	免疫期
7日龄	羊传染性脓疱苗	12个月
15日龄	羊传染性胸膜肺炎灭活苗	12个月
2月龄	山羊痘活苗	12个月
2月龄	小反刍兽疫弱毒活疫苗	36个月
2.5月龄	口蹄疫灭活苗	6个月
3月龄	羊肠毒血、快疫、猝击、羔痢四防灭活苗	6个月
3.5月龄	羊肠毒血、快疫、猝击、羔痢四防灭活苗（加强）	6个月
4月龄	Ⅱ号炭疽芽孢苗	12个月
5月龄	羊链球菌灭活苗	6个月
6月龄	布鲁氏菌病2号弱毒苗※	24个月
7月龄	口蹄疫灭活苗	6个月
产羔前6周	破伤风类毒素	12个月
产羔前5周	羊肠毒血、快疫、猝击、羔痢四防灭活苗	6个月

注：幼龄公羊的免疫注射可参照执行。

表4-9 经产母羊免疫程序

接种时间	疫苗	免疫期
配种前2周	口蹄疫灭活苗	6个月
	羊肠毒血、快疫、猝击、羔痢四防灭活苗	6个月

（续表）

接种时间	疫苗	免疫期
配种前1周	羊链球菌灭活苗	6个月
	Ⅱ号炭疽芽孢苗	12个月
产后1个月	口蹄疫灭活苗	6个月
	羊肠毒血、快疫、猝击、羔痢四防灭活苗(加强免疫)	6个月
产后1.5个月	羊链球菌灭活苗	6个月
	羊传染性胸膜肺炎灭活苗	12个月
	布鲁氏菌病猪型2号弱毒苗#	24个月
	山羊痘活苗	12个月
	小反刍兽疫弱毒活疫苗	36个月

注：1. 母羊配种前3个月尽量不注射疫苗；2. 布鲁氏菌病在非疫区不免疫；3. 成年公羊的免疫注射可参照该程序进行。

（四）免疫工作注意事项

1. 免疫前注意事项

（1）在注射疫苗前认真调查待免疫羊的健康状况。对病羊、瘦弱羊和临产羊不进行免疫注射，待恢复正常后再进行免疫；对曾有过疫苗反应病史的羊，在注射疫苗前，先皮下注射0.1%盐酸肾上腺素5mg后再注射疫苗，可减少不良反应的发生。

（2）逐瓶检查免疫所用的疫（菌）苗。发现药瓶破损、瓶塞松动、没有瓶签或瓶签不清，以及过期失效、色泽和性状不符的，没有按规定方法保存的等疫苗，均不得使用。

（3）严格消毒及无菌操作。免疫时最好使用一次性注射器，做到1只羊1个针头，防止疾病通过针头传播。

2. 免疫操作时的注意事项

（1）吸取疫苗时。先除去封口的火漆或石蜡，用酒精棉球消毒瓶塞，瓶塞上固定一专用针头吸取药液，吸液后上盖酒精棉球。

（2）疫苗使用前必须充分摇匀。均匀混合才能使用。对于稀释后才能使用的疫苗，应按说明书的要求进行稀释，对已打开或稀释过的疫苗必须当天使用；免疫血清注射前不应振荡，也不要吸取沉淀，随吸随注射。

（3）通过针筒排气溢出的疫苗应吸于酒精棉球上。并将其收集于专用瓶内。对于用过的酒精或碘酊棉球和尚未用完的疫苗均应放入专用瓶内集中销毁。

（4）严格按照疫苗的用法和规定剂量。严禁改变疫苗的用量或注射的部位。

3. 免疫后的注意事项

（1）疫苗免疫后。对于有些羊只出现以下类型的免疫副反应，要注意观察并及时处理。

① 一般反应：免疫后在 48h 内注射部位出现红肿、热、痛等炎症反应，注射一侧肢体跛行，个别伴有体温升高、呼吸加快、呕吐、减食或短暂停食、泌乳减少等现象为一般反应。对于一般反应不需进行处理，持续1天可自行消退恢复健康；或对羊只供给复方多维自由饮水同时饲喂优质饲草料，即可缓解反应症状并逐渐恢复健康。

② 严重反应：如免疫后出现站立不安、卧地不起、呼吸困难、瘤胃臌气、口吐白沫、鼻腔出血、抽搐等现象，可立

即皮下注射0.1%盐酸肾上腺素1mL进行救治，然后观察羊免疫反应缓解程度，可在20min后重复注射一次；也可肌内注射盐酸异丙嗪100mg，或肌内注射地塞米松磷酸钠10mg，但地塞米松不能用于怀孕母羊。怀孕母羊免疫后出现流产征兆，可肌内注射复方黄体酮注射液15~25mg，每天注射一次，连续注射2天。

③ 休克的救治：除按照严重反应羊的救治方法实施救治外，还可迅速针刺耳尖、尾根、蹄头、大脉穴等部位，放血少许。或者迅速输液建立静脉通道，将去甲肾上腺素2mg加入10%葡萄糖注射液500mL做静脉滴注；待羊苏醒、脉律逐渐恢复后，撤去此组药物，换成5%葡萄糖注射液500mL+1g维生素C+500mg维生素B进行静脉滴注，之后再静注5%碳酸氢钠液100mL。

（2）免疫后及时进行免疫效果的评价。按规定在疫苗免疫一定时间后采集血清，测定疫苗免疫产生的抗体效价，若免疫抗体达不到规定的标准，应进行重复免疫或补免。

六、疫病防控

（一）加强生物安全措施

肉羊场生物安全措施在保证羊群健康中起着决定性作用，同时，也可最大限度地减少养殖场对周围环境的不利影响。

1. 隔离措施

隔离措施主要包括空间距离隔离和设置隔离屏障。

（1）空间距离隔离。肉羊场场址应选择在地势高燥、水

质良好、排水方便的地方，远离交通干线和居民区1 000m以上，距离其他饲养场1 500m以上，距离屠宰场、畜产品加工厂、垃圾及污水处理厂2 000m以上。

根据生物安全要求的不同，羊场区划分为放牧区、生产区、管理区和生活区，各个功能区之间的间距不少于50m。羊舍之间距离不应少于10m。

（2）隔离屏障。隔离屏障包括围墙、围栏、防疫壕沟、绿化带等。

2. 生物安全通道

通过生物安全通道进出羊场可以保证生物安全。生物安全通道的设置应注意以下4个方面。

一是羊场应尽量减少出入通道，最好场区、生产区和羊舍只保留一个经常出入的通道；二是生物安全通道要设专人把守，限制人员和车辆进出，并监督人员和车辆执行各项生物安全制度；三是设置必要的生物安全设施，包括符合要求的消毒池、消毒通道、装有紫外灯的更衣室等；四是场区道路尽可能实现硬化，清洁道和污染道分开且互不交叉。

（二）羊的检疫

肉羊从生产到销售，要应用临床诊断和实验室诊断的方法，对经过出入养殖场、收购、运输和屠宰环节的羊及其产品进行传染病和寄生虫病的疫病检查。并采用相应的措施，以防止疫病的发生和传播。涉及外贸时，还要进行进出口检疫。

1. 产地检疫

这是指羊及其产品在调离出产地前，由当地动物卫生监

督机构或派驻机构到养殖现场或指定地点实施的检疫检验，其目的在于对当前羊只饲养环节的防疫及健康状况实施全程监控，及时发现有无重大疫病、地方常见高发病等，以此措施严格把控疫源远距离传播。为其后的屠宰检疫和运输检疫提供必要的信息。

产地检疫是所有检疫环节中最重要的部分，要注意以下几个方面。

第一，要杜绝从非疫区购入。羊场采用的饲料和用具也要从安全地区购入，以防疫病传入。

第二，要规范产地检疫操作流程。制定切合属地管理的产地检疫操作规范，全面统一检疫员的技术操作规范，不断提升检疫员综合执法水平，规避只收费不检疫、乱出证、出假证等违规操作现象。

第三，要加强检疫结果处理。一是经羊只检疫检验合格后，产地检疫员应按相关规定出具《动物检疫合格证明》。检疫合格的羊及其产品启运前，检疫员须监督畜主或承运人对运载工具进行严格消毒；二是对检疫不合格者出具《检疫处理通知单》，并按照有关规定处理；三是临床检查发现患有国家规定动物重大疫病的，应扩大抽检数量并进行实验室检测；四是发现患有国家规定检疫对象以外的疫病，或是严重危害人和动物健康的，应按照规定采取相应的防范措施。

2. 运输检疫

运输检疫是检疫过程的中间环节。根据产地检疫及耳标情况出具证明，并根据情况做出必要抽检。在书面上则要体现出本批次动物数量、个体的耳标号码、来源、畜主的信息和到达

地。要完善羊运输检疫制度，加强每一个检疫阶段运输检疫职责，降低动物疫病发生风险，提升羊肉的运输检疫质量。

3. 屠宰检疫

这是指到达屠宰场后根据动物本身的健康情况并结合产地检疫所做出的结论，包括宰前检疫和宰后检疫。完备的动物标识体系和完备的检疫程序，可有效保证动物食品的“追本溯源”和食品安全。

（1）入场检疫。当屠宰羊进入屠宰场以前，因核实动物防疫监督机构签发的《动物产地检疫合格证明》或《出县境动物检疫合格证明》和《动物及动物产品运载工具消毒证明》，并根据具体情况进行补检和重检。

（2）宰前检疫。开展群体检疫要按照羊群的种类、产地、入场批次分批分圈进行“三态”（静态、动态和状态）检查。羊的个体检疫即对群体检疫中隔离出的病羊、弱羊通过视诊、触诊、听诊等方法逐只进行个体检疫，必要时要进行微生物学、实验室检查。以此对羊群是否存在疫病得出初步结果。然后，通过检疫的结果进行初步判断，根据不同的情况，健康无病符合宰杀条件的羊只，可按正常屠宰程序进行屠宰；对于怀疑为炭疽、口蹄疫和羊痘等或临床检查发现其他异常情况的病羊隔离，并上报有关部门，应按相应疫病防治技术规范进行实验室检测，确诊后不放血扑杀销毁，追查到疫区；确诊为非感染人的普通病或一般传染病一律进行急宰。

（3）宰后检疫。羊宰后检疫的步骤包括头部检疫、内脏检疫、胴体检疫、蹄部检疫。宰后检疫的主要方法是感官检查，必要时进行微生物学和实验室检查。屠宰后检疫合格者，

就要在胴体上加盖“肉检验讫”，运输上市前，还要开具检疫合格证，方可上市销售。对检疫不合格的羊只，要进行无害化处理，或局部修割处理。

（三）羊的疫病控制

当肉羊发生传染病时，应立即采取一系列紧急措施，就地扑灭，以防止疫情扩大。一是要立即向上级部门报告疫情，同时要立即将病羊和健康羊隔离；二是隔离场所禁止人、畜出入和接近。工作人员也应遵守消毒制度，隔离区内的用具、饲料、粪便等未经彻底消毒不得运出；三是对健康羊和可疑感染羊，要进行疫苗紧急接种或用药物进行预防性治疗。对无治疗价值的病羊及尸体，应由兽医人员根据国家规定进行无害化处理；四是发生口蹄疫、羊痘等急性烈性传染病时，应立即报告有关部门，划定疫区，采取严格的隔离封锁措施，并组织力量尽快扑灭。

1. 疫病的分类

根据动物疫病对养殖业生产和人体健康的危害程度将动物疫病分为以下3类。

（1）一类疫病。是指对人与动物危害严重，需要采取紧急、严厉的强制预防、控制、扑灭等措。羊的一类传染病有以下5种：口蹄疫、痒病、蓝舌病、小反刍兽疫、羊痘（绵羊痘和山羊痘）；

（2）二类疫病。是指可能造成重大经济损失，需要采取严格控制、扑灭等措施，防止扩散的。羊的二类传染病有以下11种：炭疽、伪狂犬病、狂犬病、魏氏梭菌病、副结核病、布鲁氏杆菌病、弓形虫病、棘球蚴病、钩端螺旋体病、

山羊关节炎脑炎、梅迪-维斯纳病；

（3）三类疫病。该类疫病常见多发、可能造成重大经济损失，需要控制和净化。羊的三类传染病有以下13种：李氏杆菌病、类鼻疽、放线菌病、肝片吸虫病、丝虫病、肺腺瘤病、绵羊地方性流产、传染性脓包皮病、腐蹄病、传染性眼炎、肠毒血症、干酪性淋巴结炎、绵羊疥癣。

羊的主要寄生虫病主要有：血吸虫病、片形吸虫病、前后盘吸虫病、东毕吸虫病、双腔吸虫病、阔盘吸虫病、羊绦虫病、棘球蚴病、脑多头蚴病、细颈囊尾蚴病、消化道线虫病、肺线虫病、梨形虫病、螨病、羊鼻蝇蛆病。

2. 羊疫病的控制与扑灭

当羊群发生一类疫病、二类疫病或三类疫病呈暴发性流行时，除应迅速、及时向上级有关部门报告疫情并快速做出诊断外，同时还应组织人力和物力进一步采取隔离、封存与封锁、消毒、紧急接种、扑杀和生物安全处理等有针对性措施，及时有效地控制和扑灭疫情。

（1）一类动物疫病的控制和扑灭措施。一是当地兽医主管部门应当立即派人到现场，划定疫点、疫区、受威胁区，调查疫源，及时报请对疫区实行封锁；二是地方政府应当立即组织有关部门和单位采取封锁、隔离、扑杀、销毁、消毒、无害化处理、紧急免疫接种等强制性措施，迅速扑灭疫病；三是在封锁期间，禁止染疫、疑似染疫和易感染的动物、动物产品流出疫区，禁止非疫区的易感染动物进入疫区，并根据扑灭动物疫病的需要对出入疫区的人员、运输工具及有关物品采取消毒和其他限制性措施。

（2）二类动物疫病的控制和扑灭措施。一是当地县级以上地方人民政府兽医主管部门应当划定疫点、疫区、受威胁区；二是县级以上地方人民政府根据需要组织有关部门和单位采取隔离、扑杀、销毁、消毒、无害化处理、紧急免疫接种、限制易感染的动物和动物产品及有关物品出入等控制、扑灭措施；三是疫点、疫区、受威胁区的撤销和疫区封锁的解除，按照国务院兽医主管部门规定的标准和程序评估后，由原决定机关决定并宣布。二类动物疫病呈暴发性流行时，按照一类动物疫病处理。

（3）三类动物疫病的控制和扑灭措施。对于三类疫病主要采取隔离、消毒、杀虫、灭鼠、药物预防、免疫接种及监测、驱虫和药浴、治疗、疫病监测、检疫等措施，结合加强饲养管理和培育健康羊群，可使羊群中的有关疫病逐步乃至最终得到完全净化。三类动物疫病呈暴发性流行时，按照一类动物疫病处理。

羊场发生疫情后，污染场所及污染物消毒方法详见表 4-10。

表 4-10　污染场所及污染物消毒方法

消毒对象	消毒方法	
	细菌性传染病	病毒性传染病
空气	甲醛熏蒸，甲醛（福尔马林液）25mL，作用 12h（加热法）；2%过氧乙酸熏蒸，用量 $1g/m^3$，20℃作用 1h；0.2%~0.5%过氧乙酸或 3%来苏儿喷雾，$30mL/m^2$，作用 30~60min；红外线照射 $0.06W/cm^2$	醛熏蒸法（同细菌性传染病）；2%过氧乙酸熏蒸，用量 $3g/m^3$，作用 90min（20℃）；0.5%过氧乙酸或 5%漂白粉澄清液喷雾，作用 1~2h；乳酸熏蒸，用量 $10mg/m^3$，加水1~2 倍，作用 30~90min

（续表）

消毒对象	消毒方法	
	细菌性传染病	病毒性传染病
排泄物（粪、尿、呕吐物等）	成形粪便加 2 倍量的 10%～20%漂白粉乳剂，作用 2～4h；对稀便，直接加粪便量 1/5 的漂白粉，作用 2～4h	成形粪便加 2 倍量的 10%～20%漂白粉乳剂，充分搅拌，作用 6h；稀便，直接加粪便量 1/5 的漂白粉，作用 6h；尿液 100mL 加漂白粉 3g，充分搅匀，作用 2h
分泌物（鼻涕、唾液、穿刺脓、乳汁汁液）	加等量 10%漂白粉或1/5量干粉，作用 1h；加等量 0.5%过氧乙酸，作用 30～60min；加等量 3%～6%来苏儿，作用 1h	加等量 10%～20%漂白粉或1/5量干粉，作用 2～4h；加等量 0.5%～1%过氧乙酸，作用 30～60min
畜舍、运动场及舍内用具	污染草料与粪便集中焚烧；畜舍四壁用 2%漂白粉澄清液喷雾（$200mL/m^3$），作用 1～2h；畜圈及运动场地面，撒布漂白粉 $20～40g/m^2$，作用2～4h，或喷洒 1%～2%氢氧化钠溶液、5%来苏儿溶液 1 000 mL/m^3，作用 6～12h；甲醛熏蒸，福尔马林 $12.5～25mL/m^3$，作用 12h（加热法）；0.2%～0.5%过氧乙酸、3%来苏儿喷雾或擦拭，作用 1～2h；2%过氧乙酸熏蒸，用量 $1g/m^3$，作用 6h	与细菌性传染病消毒方法相同，一般消毒剂作用时间和浓度稍大于细菌性传染病
饲槽、水槽和饮水器等	0.5%过氧乙酸浸泡 30～60min；1%～2%漂白粉澄清液浸泡 30～60min；0.5%季铵盐类消毒剂浸泡 30～60min；1%～2%氢氧化钠热溶液浸泡 6～12h	0.5%过氧乙酸液浸泡 30～60min；3%～5%漂白粉澄清液浸泡 50～60min；2%～4%氢氧化钠热溶液浸泡 6～12h

（续表）

消毒对象	消毒方法	
	细菌性传染病	病毒性传染病
运输工具	0.2%~0.3%过氧乙酸或1%~2%漂白粉澄清液，喷雾或擦拭，作用30~60min；3%来苏儿或0.5%季铵盐喷雾擦拭，作用30~60min	0.5%~1%过氧乙酸、5%~10%漂白粉澄清液喷雾或擦拭，作用30~60min；5%来苏儿喷雾或擦拭，作用1~2h；2%~4%氢氧化钠热溶液喷洒或擦拭，作用2~4h
工作服、被服和衣物织品等	高压蒸汽灭菌，121℃ 15~20min；煮沸15min（加0.5%肥皂水）；甲醛25mL/m³，作用12h；环氧乙烷熏蒸，用量2.5g/L，作用2h；过氧乙酸熏蒸，1g/m³，在20℃条件下，作用60min；2%漂白粉澄清液或0.3%过氧乙酸或3%来苏儿溶液浸泡30~60min；0.02%碘伏浸泡10min	高压蒸汽灭菌，121℃ 30~60min；煮沸15~20min（加0.5%肥皂水）；甲醛25mL/m³。熏蒸12h；环氧乙烷熏蒸，用量2.5g/m³，作用2h；过氧乙酸熏蒸，用量1g/m³，作用90min；2%漂白粉澄清液浸泡1~2h；0.3%过氧乙酸浸泡30~60min；0.03%碘伏浸泡15min
接触病畜禽人员手臂消毒	0.02%碘伏洗手2min，清水冲洗；0.2%过氧乙酸泡手2min；75%酒精棉球擦手5min；0.1%新洁尔灭泡手5min	0.5%过氧乙酸洗手，清水冲净；0.05%碘伏泡手2min，清水冲净
污染办公用品（书、文件）	环氧乙烷熏蒸，2.5g/L，作用2h；甲醛熏蒸，福尔马林用量25mL/m³，作用12h	同细菌性传染病
医疗器材和生产用具等	高压蒸汽灭菌121℃ 30min；煮沸消毒15min；0.2%~0.3%过氧乙酸或1%~2%漂白粉澄清液浸泡60min；0.01%碘伏浸泡5min；甲醛熏蒸，50mL/m³作用1h	高压蒸汽灭菌121℃ 30min；煮沸30min；0.5%过氧乙酸或5%漂白粉澄清液浸泡，作用60min；5%来苏儿浸泡1~2h；0.05%碘伏浸泡10min

第三节　养殖场废弃物及其无害化处理

一、养殖场废弃物及其污染

养羊场废弃物包括饲草料残渣及其霉变饲草料、圈舍垫草、粪便、污水、尸体及相关组织、过期兽药、残余疫苗、一次性畜牧兽医器械及包装物等。随着集约化养殖业的迅速发展，其废弃物的排放量也在不断增加，对生态环境影响主要为污染空气、污染水体、污染土壤、产生恶臭、传播病菌、滋生蚊虫等，大量畜禽粪便及废弃物直接排放成为引起农业生态环境恶化的主要原因。《第一次全国污染源普查公报》(2000年) 表明，2007年，中国畜禽养殖业废水化学需氧量排放量(1 268.26万t) 占全国各类废水排放总量的41.9%，总氮、总磷分别占到其排放总量的21.7%（102.48万t）和37.9%（16.04万t)，畜禽养殖业粪便产生量2.43亿t，尿液产生量1.63亿t。养殖业粪便及废弃物污染已成为与工业废水、生活污水相并列的三大污染源。主要表现如下。

（一）空气污染

畜禽粪便的恶臭气味来源于饲料中蛋白质的代谢产物和残留的养分。粪便发酵、分解产生的氨气、硫化氢、甲基硫醇、二甲基二硫醚、甲硫醚、二甲胺及多种低级脂肪酸等有毒有害气体。这些恶臭气体等携带粉尘和微生物排入大气后，通过大气扩散、氧化等作用而净化，当污染物排量超过大气的自净能力之后，造成空气中含氧量相对下降，会对大气环境造成污染，危害人和动物。空气气体不但会导致动物应激，使动物及人群的免疫力下降，引发呼吸道疾病。恶臭气体中的 NH_3、H_2S 是对人畜健康影响最大的有害气体，绝大多数养殖场人畜伤亡事故都和 H_2S 有直接的关系，NH_3 进入呼吸道则可引起咳嗽、气管炎、支气管炎甚至窒息等身体不适，导致呼吸道疾病频发，影响人类健康。

（二）水体污染

规模养殖场大多使用水来冲洗圈舍和粪尿，基本上每个规模养殖场都有已被污染了的水沟用来排污，表现为有机物污染、微生物污染和有毒有害物污染。养殖场粪便污染物排放量已经成为许多重要水源地严重污染和富营养化的主要原因。未经处理的动物粪便可对水产生严重的污染，可以通过地表径流污染地表水，也可以通过土壤渗入地下污染地下水，造成地表和地下水质的不断恶化。粪便和冲洗粪便废水中含大量的氮、磷、病原微生物、抗生素、重金属等，其有机质含量通常比市政污水浓度高 50~250 倍，当排入水中的粪便总量超过水的自净能力时，就会改变水体的物理、化学和生物性质。水中过多的氮、磷会使水体富营养化，使水资源受到严重破坏，氧溶解度降低，水质恶化，严重影响人畜饮水和区域的生态环境。粪便中含有大量的病原微生物和寄生虫卵会增加水体中的病原种类、菌种和菌量，从而引发疫情，给人、畜带来危害。另外，粪便中的激素对水体也存在潜在的危害。

（三）土壤污染

畜禽粪便中含有较多的氮、磷、钾等养分，长期以来一

直被作为优质肥料还田使用。未经任何处理直接、连续、过量地施用，使土地超过本身的自净能力，转化为硝酸盐和磷酸盐，便会引起土壤溶解盐的积累，使土壤的盐分增高，影响植物的生长。使土地失去生产价值。如果在农田中长期大量使用含过量重金属元素、抗生素和激素的畜禽粪便，长久之后会造成土壤重金属富积，使土壤 pH 值发生变化，孔隙堵塞，透水性下降。同时，抗生素和激素被作物吸收通过食物链进入人体，进而危害人体健康。

（四）生物污染

养殖场废弃物中携带大量的病原微生物、致病菌、寄生虫卵等，并且有些是人畜共患病的病原体，如果不及时处理而直接排放，将会对水体和环境产生严重污染，导致蚊蝇、病菌滋生，诱发疾病，造成人、畜传染病的蔓延，引发公共健康问题，威胁人类健康。粪便污染还会传播大量的人畜共患病，世界上已发现的人兽共患病有 250 种，经常流行、危害严重的有 30 多种，如疯牛病、炭疽、猪链球菌病、结核病、猪囊尾蚴病、牛囊尾蚴病、旋毛虫病、弓形虫病、钩端螺旋体病、沙门菌病、血吸虫病、狂犬病、高致病性禽流感、鼠疫等，这些传染病的载体主要就是养殖场废弃物。另外，养殖污水中含有抗生素、金属元素进入水体后易在水生生物和鱼虾体内积累，污染食物链。

二、粪便无害化处理

羊场的固体废弃物主要包括粪便、垫料、废弃饲草饲料等，由于其中含有病原体，并产生大量有毒有害和恶臭物质。粪尿适宜寄生虫、病原微生物寄生、繁殖和传播，不利于羊场的卫生和防疫。为了有效降低和消除固体废弃物对环境的污染，必须利用高温、好氧或厌氧等技术杀灭粪便中的病原菌和寄生虫等，进行无害化处理。

根据《畜禽养殖业污染物排放标准》（GB 18596—2001）和《畜禽规模养殖污染防治条例》（国务院令第643号），羊粪便无害化环境标准是：蛔虫卵的死亡率≥95%；羊粪大肠菌群数≤10^5个/kg；恶臭污染物排放标准为臭气浓度标准值70；有效地控制苍蝇滋生，堆体周围无活的蛆、蛹或新羽化的成蝇。通过物理、化学、生物等方法进行粪便的无害化处理，杀灭病原体，改变羊粪中适宜病原体寄生、繁殖和传播的环境，保持和增加羊粪便有机物的含量，达到污染物的资源化利用。处理后的粪便、沉渣或上清液用于农田或生产商品有机肥，必须符合国家或行业有关标准规定。发生重大疫情后，粪便必须按照国家动物防疫有关规定处理。

（一）粪便的处理

1. 发酵处理

粪便的发酵处理是利用一些微生物的活动来分解羊粪中的有机成分，杀死粪便中的病原菌和某些虫卵，从而有效地提高有机物的利用率的方法。根据发酵过程中依靠的主要微生物种类不同，粪便的发酵处理可分为充气动态发酵、堆肥发酵和沼气发酵处理三类。

（1）充气动态发酵。在适宜的温度、湿度以及供氧充足的条件下，好气菌迅速繁殖，将粪便中的有机物质分解成易

消化吸收的物质，同时释放出硫化氢、氨等气体。在45~55℃下处理12h左右，可生产出优质有机肥料和再生肥料。为了减少发酵过程的气体排放量，可采取压实、覆盖等措施以减少堆放过程中的N_2O排放。另外，一定比例的羊粪和木屑、药渣、茶渣混合在适宜的好氧条件与湿度条件下堆制可直接生产有机栽培基质，以实现有机栽培基质的工厂化生产。

(2) 堆肥发酵。堆肥发酵指将未经处理的羊粪直接堆放在环境中，利用微生物对粪便中的有机物进行代谢分解，在高温下进行无害化处理，并生产出有机肥料的粪便处理方式。该方法是在距羊场100~200m以外的地方设一堆粪场，将羊粪便堆积起来，上覆盖10cm厚的沙土，发酵30天左右。利用微生物进行生物化学反应，分解熟化羊粪便中的异味有机物，随着堆肥温度升高，其中的病原菌、虫卵和蛆蛹得到杀灭，达到无害化处理并成为优质肥料。

在羊粪便消毒方法中，堆肥发酵方法是最为实用。影响堆肥发酵的因素包括以下几个方面。

第一，微生物的数量。堆肥是多种微生物作用的结果，但高温纤维分解菌起着更为重要的作用。为增加高温纤维分解菌的含量，可加入已腐熟的堆肥土（10%~20%）。堆肥过程中添加稻草、油菜秸秆和食用菌渣等有机辅料，可使堆肥过程中的氨气挥发量降低40%以上。

第二，堆料中有机物的含量。占25%以上，碳氮比例（C∶N）为25∶1。

第三，添加剂。在堆肥发酵过程中，通过添加一些有机物添加剂、微生物添加剂和无机添加剂，可以在改善堆肥效

果的同时，降低堆肥过程中气体排放量。常见的添加剂主要有明矾、沸石、聚丙烯酰胺（PAM）和酸等。

第四，水分。30%~50%为宜，过高会形成厌氧环境，过低会影响微生物的繁殖。

第五，pH 值。中性或弱碱性环境适合纤维分解菌的生长繁殖。为一减少堆肥过程中产生的有机酸，可加入适量的草木灰、石灰等调节 pH 值。

第六，空气状况。需氧性堆肥需氧气，但通风过大会影响堆肥的保温、保湿、保肥，使温度不能上升到 50~70℃。

第七，表面封泥。这对保温、保肥、防蝇和减少臭味都有较大作用，一般以 5cm 厚为宜，冬季可增加厚度。

第八，温度。堆肥内温度一般以 50~60℃为宜，气温高有利于提高堆肥效果和加快堆肥速度。

堆肥和粪便经过无害化处理后的卫生标准：堆肥最高温度达 50~55℃甚至更高，应持续 5~7 天，粪便中蛔虫卵死亡率为 95%~100%；粪大肠菌值要达到 10^{-2}~10^{-1}；有效地控制苍蝇滋生，堆肥周围没有活动的蛆、蛹或新羽化的成蝇。

（3）沼气发酵。沼气处理是厌氧发酵过程，可直接对粪便进行处理，即将羊废弃物中的有机物通过厌氧发酵转化为 CH_4加以回收利用，以减少废弃物处理过程造成的 CH_4排放。其优点是产出的沼气是一种高热值可燃气体，沼渣是很好的肥料，经过处理的干沼渣还可作饲料。

沼气发酵与温度有密切的关系，一般为 10~30℃。在自然温度下，温度越高，沼气细菌生命活动越旺盛，产气速度越快，同时，原料分解越快，产气速率就越高，反之，则产

气速度越慢，原料产气率就差，甚至长期不产气。故在冬季，尤其是北方应采取必要的保温增温措施。沼气发酵过程详见图 4–1。

沼气发酵的卫生标准：密封贮存期应在 30 天以上；高温沼气发酵温度为（53±2）℃，并应持续 2 天；寄生虫卵沉降率在 95%以上，粪液中不得检出活的血吸虫卵和钩虫卵；常温沼气发酵的粪大肠菌值应为 10^{-4}，高温沼气发酵应为 10^{-1} ~ 10^{-2}；有效地控制蚊蝇滋生，粪液中无孑孓，池的周围无活的蛆、蛹或新羽化的成蝇；沼渣经无害化处理后方可用作农肥(图 4–1)。

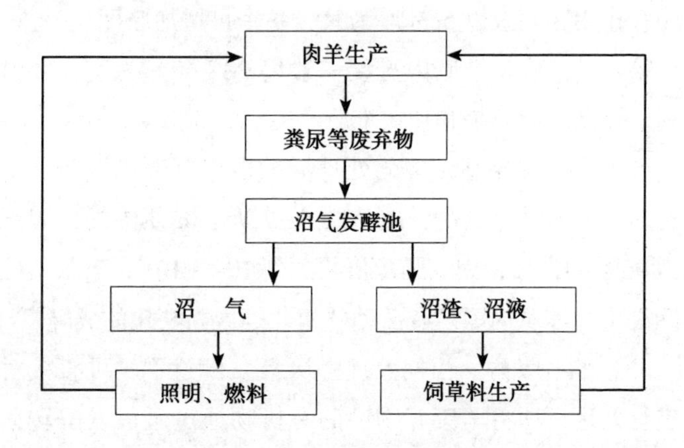

图 4–1　沼气发酵过程示意图

2. 干燥处理

（1）脱水干燥处理。通过脱水干燥，使粪便的含水量降低到 15%以下，便于包装运输，又可抑制畜粪中微生物活动，减少蛋白质等养分的损失。

（2）高温快速干燥。通过高温快速干燥设备，可在短时间（10min 左右）内可将粪便的含水率由 70%迅速干燥至 10%~15%。

（3）太阳能自然干燥处理。采用专用的塑料大棚进行干燥处理。大棚的长度可达 60~90m，内有混凝土槽，两侧为导轨，在导轨上安装有搅拌装置。湿粪装入混凝土槽，搅拌装置沿着导轨在大棚内反复行走，通过搅拌板的正反向转动来捣碎、翻动和推送畜粪，并通过强制通风排除大棚内的水汽，达到干燥畜粪的目的。夏季只需要约 1 周的时间即可把畜粪的含水率降到 10%左右。

（二）粪便资源化综合利用

1. 有机肥生产

羊粪属热性肥料，粪质较细，可直接用作为有机肥使用。羊粪中含有机质 24%~27%，氮 0.7%~0.8%，磷（五氧化二磷）0.45%~0.60%，钾（氧化钾）0.4%~0.5%；羊粪有助于农作物的吸收，还能显著提高农作物的抗病、抗逆、抗掉花和抗掉果能力。与施用无机肥相比，施用羊粪便可使粮食作物增产 10%以上，蔬菜和经济作物增产 30%左右，块根作物增产 40%左右。

羊粪经发酵后再烘干，可与无机肥配制成复合肥。复合肥不但松软、易拌、无臭味，而且施肥后也不再发酵，适合于盆栽花卉和无土栽培及庭院种植业。

2. 栽培基质生产

应用一定比例的羊粪与木屑等有机废弃物直接混合堆制

后的腐熟堆料均适于作为普通作物栽培基质。通过一定比例的羊粪和木屑、药渣、茶渣混合在适宜的好氧条件与湿度条件下堆制可直接生产有机栽培基质，宜于实现有机栽培基质的工厂化生产。

3. 能源生产

沼气是在厌氧环境下，在一定温度、湿度、酸碱度的条件下，微生物在分解发酵有机物质的过程中所产生的一种可燃气体。沼气作为清洁的可再生能源，在农村得到了较高的推广效果和普及率。沼渣可作生产有机肥的原料，沼液可用于附近的农田和林地的施肥和植保。

三、废水无害化处理

对于羊场产生的污水，应设有专门的污水处理池，用物理或化学、生物学方法进行处理。污水处理后应达到《畜禽养殖业污染物排放标准》（GB 18596）的规定。污水排入农田前必须采用格栅、厌氧、沉淀等工艺流程进行处理。羊场与农田之间应建立有效的污水输送网络，避免污水排放和输送过程中的撒、跑、冒、滴、漏。

（一）养殖场污水的无害化处理

1. 干清粪工艺

将粪便单独清出，不与尿、污水混合排出，这种工艺粪便含水量低，粪中营养成分损失小、肥料价值高、便于堆肥和其他方式处理。

2. 好氧-厌氧技术联合处理

用畜禽养殖场污水灌溉农田时，污水灌溉量和污水浓度的控制非常重要。好氧-厌氧技术联合处理养殖场污水，适合于产生高浓度有机污水的畜禽场的处理。如目前较为广泛利用的厌氧反应器（UASB）——生物接触氧化-氧化塘处理系统，其COD去除率在90%以上，厌氧处理后的污水达到排放标准，可作为农田液肥、农田灌溉用水和水产养殖肥水。

（二）屠宰场污水的无害化处理

1. 预处理

预处理：通过设置格栅、格网、沉沙池、除脂槽、沉淀池等除去污水中悬浮固体、胶体、油脂与泥沙。格栅和格网的设置可防止碎肉、碎骨及木屑等进入污水处理系统；设置除脂槽用于收集污水中的油脂，由于一部分油脂在温度较低时就会黏附在管道壁上，不仅使流水受阻，而且还会严重妨碍污水的生物净化；沉淀池就是在污水处理中利用静置沉淀的原理沉淀污水中固体物质的澄清池。预处理过程可以减少生物处理时的负荷，提高排放水的质量，同时还可以避免管道阻塞，节约费用，便于综合利用。

2. 生物处理

污水生物处理根据微生物需氧性能不同可分为好氧处理法和厌氧处理法。

（1）好氧处理法。细菌通过自身的生命活动过程，把吸收的有机物氧化成简单的无机物，并利用分解中获得的能量，实施有机物同化以增殖新的菌体。该微生物通过形成“生物

膜”与污水中有机物质吸附，从而使污水中的有机物质被降解。同时，生物膜上的微生物也摄取污水中的这些有机物作为营养物质，使生物膜的活力具有再生的能力。污水的好氧处理主要有土地灌溉法、生物过滤法、生物转盘法、接触氧化法、活性污泥法及生物氧化法等多种方法。

（2）厌氧处理法。将可溶性或不溶性的有机废物在厌氧条件下进行生物降解，主要包括普通厌氧消化法、高速厌氧消化法和厌氧稳定池塘法等方法。污水的厌氧处理就是高浓度的有机污水和污泥适于用厌氧分解处理，厌氧消化法经历酸的形成（液化）和气的形成（气化）两个阶段。用厌氧法处理的污水，由于产生硫化氢等有异臭的挥发性物质而放出臭气。硫化氢与铁形成硫化铁，故废水呈黑色。这种方法净化污水需要的时间较长（约1个月），而且在温度低时效果不太显著，有机物含量仍然比较高。一般多在厌氧处理后，再用好氧法进一步处理。

3. 消毒处理法

经过生物处理后的污水一般还含有大量的菌类，特别是屠宰污水含有大量的病原菌，需经药物消毒处理方可排出。常用的方法是氯化消毒，将液态氯转变为气体，通入消毒池，可杀死99%以上的有害细菌。

四、病死羊的无害化处理

由于病羊尸体及产品或附属物含有大量病原体，严禁随意丢弃、出售或作为饲料再利用，必须根据《动物防疫法》

《病死及死因不明动物处置办法（试行）》《病害动物和病害动物产品生物安全处理规程》《畜禽养殖业污染防治技术规范》及《病死动物无害化处理技术规范》等规定和要求，结合实际情况及条件，采用一系列物理、化学和生物方法进行无害化处理，从而彻底消除病害因素。目前较成熟的无害化处理技术主要包括深埋法、焚烧法、堆肥法、化尸窖处理法、高温高压法（化制）、化学水解法和生物降解法等处理方法。

（一）深埋法

深埋法是处理病死羊的一种常用、可靠、简便易行的方法。在发生疫情时，为迅速控制与扑灭疫情，防止疫情传播扩散，最好采用深埋的方法。该方法较简单、费用低，是消灭病源、防止病源扩散的重要手段，可有效减少无害化处理所需投入。但由于其无害化过程缓慢，某些病原微生物能长期生存，因此，特别要注意是做好防渗工作，防止土壤或地下水的污染。

本法不适用于患有炭疽等芽孢杆菌类疫病以及牛海绵状脑病、痒病的染疫羊及产品、组织的处理。

（二）焚烧法

焚烧法处理病死羊安全彻底，可在最短的时间内实现尸体完全燃烧炭化，把病原微生物杀死消灭，从而达到无害化的目的。应根据养殖规模、病死羊数量选用火床焚烧、简易式焚烧炉焚烧、节能环保焚烧炉和生物自动焚化炉焚烧四种方法。集中焚烧是目前最先进的处理方法之一，通常一个适度规模化养殖集中的地区可联合兴建病死羊焚化处理厂，同时在不同的服务区域内设置若干冷库，集中存放病死羊，然

后统一由密闭的运输车辆负责运送到焚化厂，集中处理。

（三）堆肥法

此法是将病死羊尸体置于堆肥内部，通过微生物的代谢过程降解，并利用降解过程中产生的高温杀灭病原微生物，从而达到减量化、无害化、稳定化的处理目的。通过堆肥法无害化处理病死羊尸体，可将其转化为有机肥，有利于养殖场的自卫防疫，避免病死羊尸体随意丢弃导致尸体腐化而滋生病菌。可根据堆置方法的不同分为条垛式静态堆肥和发酵仓式堆肥两种方式。条垛式静态堆肥设备要求简单，投资成本低，产品腐熟度高，稳定性好，可建成金字塔形；发酵仓式堆肥设备占地面积小，生物安全性好，不易受天气条件影响，堆肥过程中的温度、通风、水分含量等因素可以得到很好的控制，堆肥效率高。

（四）化尸窖法

此法是通过以适量容积的化尸窖沉积病死羊尸体，让其自然腐烂降解。化尸窖处理法建造简单，臭味不易外泄，生物安全隐患低，对周边环境基本无污染，从建筑材料上化尸窖可分为砖混结构和钢结构两种类型。化尸窖处理法采用密闭设施，建造简单，尸体运输路线短，有利于减少疾病的传播。运行成本低，一般可利用 10 年以上；在处理过程中添加的化尸菌剂能快速分解尸体、杀灭除芽孢菌以外的所有病原体，提高了化尸池使用效率。

化尸窖内羊尸体自然降解过程受季节、区域温度影响很大。夏季高温时期，羊尸体 2 个月内即可腐烂留下骨头，但冬季寒冷时期，羊尸体腐烂过程非常慢。化尸窖处理法适用

于适度规模肉羊养殖场（小区）、镇村集中处理场所等对批量羊尸体的无害化处理。

（五）化制法

此法是指将病死羊尸体投入到水解反应罐中，在高温、高压灭菌等条件作用下，将病死羊尸体消解转化为无菌水溶液（氨基酸为主）和干物质骨渣，并将所有病原微生物彻底杀灭。化制是一种较好地处理病死羊的方法，是实现病死羊无害化处理、资源化利用的重要途径，具有操作较简单、成本较低、灭菌效果好、处理能力强、处理周期短和安全等优点，主要适用于国家规定的应该销毁以外的因其他疫病死亡的羊以及病变严重、肌肉发生退行性变化的羊尸体、内脏等，也可用于适度规模肉羊养殖场、屠宰场、实验室、无害化处理厂、食品加工厂等的病害羊及羊制品进行无害化处理。

（六）生物降解法

生物降解是指将病死羊尸体投入到降解反应器中，利用微生物的发酵产热将尸体发酵分解，以使病死动物羊破碎、降解、灭菌的过程，从而达到减量化、无害化处理的目的。生物降解技术是一项对病死羊及其制品无害化处理的新型技术，不产生废水和烟气、无异味，可以有效地减少病死羊的体积，实现减量化的目的，进而有效避免乱扔病死羊尸体的现象。病死羊经生物发酵处理后，尸体全部分解，与发酵原料充分混合，所生产的生物有机肥或生物蛋白粉是很好的有机肥料，可促进农牧业生产良性循环。

（七）化学水解法

化学水解法是在高温的环境中，通过碱性催化剂的作用

加快分解反应，把羊尸体和组织水解成骨渣和无菌水。该方法使用专用设备进行处理，安装简便、易操作，适用于屠宰场、适度规模肉羊养殖场、动物隔离场和动物检疫站的无害化处理。

第五章 羊肉品质评定

第一节 羊肉营养成分及其品质评定

一、羊肉的营养特点

羊肉肉质细嫩，味道鲜美，不仅是信奉伊斯兰教的少数民族主要的肉食品来源，也是许多国家大众消费者餐桌上不可缺少的佳肴。与其他肉类相比，羊肉的蛋白质和氨基酸含量高、脂肪含量低，其蛋白质含量低于牛肉而高于猪肉，必需氨基酸含量高于牛肉和猪肉，脂肪含量和产热高于牛肉而不及猪肉，胆固醇含量低于其他肉类，属于深受大多数人们喜爱的优质营养肉类。随着经济的发展，人们对优质羊肉需求量越来越大，这就要求必须生产出大量安全优质羊肉。不同肉类营养成分和氨基酸含量比较详见表5-1、表5-2。

表5-1 几种肉类的营养成分和热量比较（每100g可食瘦肉含量）

肉类	热能 (kcal)	水分 (g)	蛋白质 (g)	脂肪 (g)	碳水化合物 (g)	胆固醇 (g)
羊肉	118	74.2	20.5	3.9	0.2	62

（续表）

肉类	热能(kcal)	水分(g)	蛋白质(g)	脂肪(g)	碳水化合物(g)	胆固醇(g)
牛肉	106	75.2	20.2	2.3	1.2	58
猪肉	143	71.0	20.3	6.2	1.5	81
马肉	122	74.1	20.1	4.6	0.1	84
鸡肉	167	69.0	19.3	9.4	1.3	106
鸭肉	240	63.9	15.5	19.7	0.2	94
鹅肉	245	62.0	17.9	19.9	0.2	74
兔肉	102	76.2	19.7	2.2	0.9	59
鸽肉	201	66.6	16.5	14.2	1.7	99
鲤鱼	109	76.7	17.6	4.1	0.5	84

引自《羊生产学》（张英杰，2010）

表 5-2　几种常用肉类中氨基酸含量（g/100g 蛋白质）

氨基酸种类	羊肉	牛肉	猪肉	鸡肉
赖氨酸	8.7	8.0	3.7	8.4
精氨酸	7.6	7.0	6.6	6.9
组氨酸	2.4	2.2	2.2	2.3
色氨酸	1.4	1.4	1.3	1.2
亮氨酸	8.0	7.7	8.0	11.2
异亮氨酸	6.0	6.3	6.0	—
苯丙氨酸	4.5	4.9	4.0	4.6
苏氨酸	5.3	4.6	4.8	4.7
蛋氨酸	3.3	3.3	3.4	3.4
缬氨酸	5.0	5.8	6.0	—
甘氨酸	—	2.0	—	1.0
丙氨酸	—	4.0	—	2.0

（续表）

氨基酸种类	羊肉	牛肉	猪肉	鸡肉
丝氨酸	6.3	5.4	—	4.7
天门冬氨酸	—	4.1	—	3.2
胱氨酸	1.0	1.3	1.1	0.8
脯氨酸	—	6.0	—	—
谷氨酸	—	15.4	—	16.5
酪氨酸	4.9	4.0	4.4	3.4

引自《羊生产学》（张英杰，2010）

二、优质安全羊肉及其分类

优质羊肉是指产地安全，饲养管理水平达到相关标准，并严格按照标准屠宰加工，肉品质量安全且感官指标、屠宰指标均达到优级标准的羊肉。所谓优质安全羊肉，一是要求羊肉是安全的。羊肉安全可以理解为在羊肉的生产和消费过程中，有毒、有害物质或其他因素的量没有达到危害程度，从而保证人体按正常剂量和以正确方式摄入这样的羊肉时不会受到急性或慢性危害，该危害对摄入者本身及其后代的不良影响；二是要求羊肉产品应符合无公害农产品、绿色食品和有机食品标准的要求。

根据质量及安全级别，羊肉可分为无公害、绿色和有机 3 个等级。

（一）无公害羊肉

无公害羊肉必须具备良好产地的生态环境，实行产品全

程质量监控；生产过程中必须科学合理地使用限定的兽药、饲料药物添加剂，禁止使用对人体和环境造成危害的物质；产品中的污染物和有害物质含量必须在国家法律法规以及国家或相关行业标准规定的允许范围内，对产地和产品实行认证管理。

无公害羊肉的生产过程中允许限量、限品种、限时间地使用人工合成的安全的兽药、饲料及添加剂等，其要求低于绿色羊肉和有机羊肉，是保证人们对羊肉质量安全最基本的需要。也是进入市场的最基本的条件。

国家农业行业标准 NY 5147《无公害食品　羊肉》中规定了无公害羊肉的质量要求包括感官指标要求、安全指标要求和微生物学指标要求详见表 5-3、表 5-4 和表 5-5。

表 5-3　无公害羊肉感官要求

项目	鲜羊肉	冻羊肉（解冻后）
色泽	肌肉有光泽，颜色鲜红或深红；脂肪乳白或淡黄	肌肉颜色鲜红，有光泽，脂肪白色或微黄
黏度	外表微干或有风干膜，不粘手	外表微干或有风干膜，外表湿润，不粘手
弹性（组织状态）	指压后的凹陷立即恢复	肌肉结构紧密，有坚实感，肌纤维韧性强
气味	具有鲜羊肉正常的气味	具有羊肉正常的气味
煮沸后肉汤	透明澄清，脂肪团聚于表面。有羊肉汤固有的香味	

表 5-4　无公害羊肉安全指标要求

项目	限量指标
挥发性盐基氮（mg/100g）	≤15

（续表）

项目	限量指标
总汞（以 Hg 计，mg/kg）	≤0.05
铅（以 Pb 计，mg/kg）	≤0.20
无机砷（以 As 计，mg/kg）	≤0.05
铬（以 Cr 计，mg/kg）	≤1.00
镉（以 Cd 计，mg/kg）	≤0.10
土霉素（mg/kg）	≤0.10
磺胺类（以磺胺类总量计，mg/kg）	≤0.10
伊维菌素（脂肪中，mg/kg）	≤0.04

表 5-5　无公害羊肉卫生指标要求

项目	限量指标	
	鲜羊肉	冻羊肉（解冻后）
菌落总数（cfu/g）	$\leqslant 1\times10^5$	$\leqslant 5\times10^5$
大肠菌群（MPN/100g）	$\leqslant 1\times10^4$	$\leqslant 1\times10^3$
沙门氏菌	不得检出	不得检出

（二）绿色羊肉

绿色羊肉的所有原料产地必须具备良好的养殖环境、饲草料种植及加工环境等。在绿色羊肉生产、加工过程中，通过严密监测、控制。从原料产地开始直至产品走向市场，防范农药残留、放射性物质、重金属、有害细菌等对羊肉生产各个环节的污染，以确保绿色羊产品的清洁、安全。产品分为 AA 级和 A 级。

国家农业行业标准 NY/T 2799《绿色食品　畜肉》中规定了绿色畜肉的质量要求包括感官指标要求、理化指标要求、

兽药残留限量要求、微生物限量要求和重金属残留要求，具体详见表 5-6、表 5-7、表 5-8、表 5-9、表 5-10。

表 5-6 绿色羊肉感官指标要求

指标	鲜羊肉	冻羊肉（解冻后）
组织状态	肌肉有弹性，经指压后凹陷部位立即恢复原位	肌肉经指压后凹陷恢复慢，不能完全恢复原位
色泽	表皮和肌肉切面有光泽，具有羊肉固有的色泽	表皮和肌肉切面有光泽，具有羊肉固有的色泽
气味	具有羊肉固有的气味，无异味	具有羊肉固有的气味，无异味
肉眼可见异物	不得检出	不得检出

表 5-7 绿色羊肉理化指标要求

项目	指标
水分（%）	≤77
挥发性盐基氮（mg/100g）	≤15

表 5-8 绿色羊肉中重金属残留限量

项目	指标
总汞（以 Hg 计，mg/kg）	≤0.05
铅（以 Pb 计，mg/kg）	≤0.20
无机砷（以 As 计，mg/kg）	≤0.50
铬（以 Cr 计，mg/kg）	≤1.00
镉（以 Cd 计，mg/kg）	≤0.10

表 5-9 绿色羊肉中兽药残留限量

项目	指标（μg/kg）
氟苯尼考	≤100

（续表）

项目	指标（μg/kg）
甲砜霉素	≤50
氯霉素	不得检出（<0.1）
磺胺类（以磺胺类总量计，μg/kg）	不得检出（<40）
泰乐菌素	≤200
呋喃唑酮代谢物	不得检出（<0.25）
呋喃它酮代谢物	不得检出（<0.25）
呋喃妥因代谢物	不得检出（<0.25）
呋喃西林代谢物	不得检出（<0.25）
喹诺酮类（以总量计）	不得检出（<3）
四环素/土霉素/金霉素（单个或复合物）	≤100
强力霉素	≤100
喹乙醇代谢物（以3甲基喹恶啉-2-羧酸计）	不得检出（<0.5）
伊维菌素	≤10
盐酸克伦特罗	不得检出（<0.25）
莱克多巴胺	不得检出（<0.25）
沙丁胺醇	不得检出（<0.25）
西马特罗	不得检出（<0.25）

表5-10　绿色羊中微生物限量指标

项目	指标
菌落总数（cfu/g）	$\leq 1\times10^5$
大肠菌群（NPN/g）	<100
沙门氏菌	0.25g
致泻大肠埃希氏菌	不得检出

（三）有机羊肉

有机羊肉是指从羊的引入繁殖、饲草料的采购、饲养管理、疾病防治以及运输、屠宰、加工等生产过程除满足绿色羊肉生产要求外，须按照“有机产品”的相关标准要求执行。生产过程不使用任何化学合成的农药、化肥、促生长调节剂、兽药、食品添加剂、防腐剂等，不使用基因工程生物及其产品。其必须具备以下 4 个条件：一是原料必须来自已经建立或正在建立的有机农业生产体系，或采用有机方式采集的野生天然产品；二是产品在整个生产过程中必须遵循有机产品的加工、包装、贮藏、运输等要求；三是生产者在有机产品的生产和流通过程中，有完善的跟踪审查体系和完整的生产和销售的档案记录；四是必须通过合法的、独立的有机产品认证机构的认证。

三、羊肉品质及其影响因素

（一）羊肉品质的评定指标

1. 羊肉品质评定的感官指标

感官指标是凭借视觉、味觉和触觉等感觉器官对羊肉外在品质做出评价的依据，是人们选择羊肉的主要依据。

(1) 羊肉的颜色（肉色）。由于羊肉中含有显红色的肌红蛋白和血红蛋白导致羊肉的正常颜色表现为红色，其肌红蛋白含量越多，羊肉的颜色越红。羊肉的颜色也与肉羊的性别、年龄、肥度、宰前状况以及屠宰、冷藏等加工情况有关。成年绵羊的肉呈鲜红色或红色，老母羊肉呈暗红色，羔羊肉呈淡红色；山羊肉的颜色一般较绵羊肉稍红。肌红蛋白在肌肉中的数量与羊的品种和年龄有关，羔羊肉为3~8mg/g，成年公羊和母羊肉中可高达12~13mg/g。高营养水平和含铁少的饲料所喂养的羊，其肌肉中肌红蛋白少，肌肉色泽较淡。羊肉冷冻和保存的温度和时间与羊肉的颜色也有很大的关系，剥离后的羊肉放置在空气中经过一定时间，其肉可由暗红色变成鲜红色或褐色。冷却、冻结或经过长期贮藏的羊肉，其颜色也会发生变化。

鲜肉色泽显示的时间是受限制的，一般肉的颜色将经过两个转变：第一个是紫红色转变为鲜红色，即在肉置于空气中30min内就发生；第二个是由鲜红色转变为褐色，转变时间为几小时至几天。各种肌肉色泽转变的快慢受环境中的O_2分压、pH、细菌繁殖程度和温度等诸多因素的影响，减缓第二个转变，即由鲜红色转为褐色，是保持鲜肉色泽的关键所在。

在生产中，羊肉颜色的评定主要是用目测法进行评定羊肉的颜色，即取最后一个胸椎处背最长肌（眼肌）为代表，新鲜肉样于宰后1~2h，冷却肉样于宰后24h在4℃左右冰箱中存放。在室内自然光下，用目测评分法评定肉新鲜切面，避免在阳光直射下或在室内阴暗处评定。灰白色评1分，微红色评2分，鲜红色评3分，微暗红色评4分，暗红色评5分。两级间允许评0.5分。具体评分时，可用美式或日式肉色评分图对比，凡评为3分或4分者均属正常颜色。

（2）羊肉的嫩度。羊肉的嫩度是指羊肉煮熟后易于被嚼烂的程度，或者说是羊肉对撕裂和碎裂的抵抗程度，常指煮

熟的肉或加工肉或加工烹饪成其他制品肉的柔软、多汁和易于被嚼烂的程度。嫩度是衡量肉品质的重要指标，与结缔组织的含量和肌肉蛋白质的化学结构状态有关，是反映肌肉蛋白质结构特性及其在物理和化学的作用下发生的变性、凝集和水解程度。影响羊肉嫩度的因素主要有品种、性别、年龄、肌肉的组织学结构（即肌纤维的直径）、肌间脂肪的含量及宰杀后的成熟作用和冷冻方法等。羔羊肉或肥羔肉由于肌纤维细、含水量多、肌间脂肪多、结缔组织少的特点，所以，其肉质就比老龄羊的肉细嫩。随着年龄增长，肌肉组织中脂肪减少，肌纤维变硬，胴体品质降低。

剪切力是衡量肌肉嫩度的一个主要指标，剪切力越大，则表明肉的嫩度越差。屠宰后的羊肉经历僵直、解僵和成熟的过程，剪切力在僵直开始后不断升高，肌肉的嫩度越来越差；随着肌肉僵直解除，剪切力又开始下降，肌肉嫩度逐渐变好，由此，肌肉完成了成熟的过程。

（3）羊肉的气味（膻味）。羊肉的气味也称为膻味，是羊肉特殊的重要指标之一，在一定程度上影响了羊肉的品质以及消费者的接受度。羊肉的膻味主要是肉中存在的特殊的挥发性脂肪酸（或可溶性类脂物）引起的，羊肉膻味相关的物质组成与羊机体内对脂肪的利用密不可分。导致羊肉膻味的挥发性物质的成分复杂多样，其膻味的物质组成主要有：

① 短链脂肪酸：绵羊和山羊脂肪中的挥发性短链脂肪酸含量高于其他反刍动物。4-甲基辛酸、4-乙基辛酸是引起羊肉特殊风味的主要脂肪酸，而4-甲基壬酸变化范围较大，作用相对较小。

② 硬脂酸：硬脂酸也是羊肉特征风味物质的贡献者之一。硬脂酸（C18：0）和亚麻酸（C18：3）与羊肉的膻味有关。短链脂肪酸和硬脂酸均是引起羊肉膻味的重要物质，并随着年龄的增长而显著的增加。

③ 酚类：烷基苯酚对于羊肉气味的贡献大于其他化合物。酚类化合物含量也受到放牧活动、饲粮体系、肉品 pH 等的影响。

④ 吲哚：日粮组成和放牧条件对肉中吲哚及其衍生物含量有较大影响。放牧饲养羊的肉中粪臭素的含量要显著高于苜蓿及玉米饲喂的羊。

⑤ 含硫化合物：肉品中含硫挥发物的含量很低，但会带来一种极其不被接受的臭味，对肉类品质的影响非常大，如苯硫酚、烷基硫化物、含硫杂环化合物等。

⑥ 羰基化合物：羰基化合物也是体现羊肉品质和膻味大小的指标之一，羊肉中含量越低，羊肉膻味越小。

与羊肉膻味有关的物质还包括一些醛类、吡啶、吡嗪、内酯、萜类等化合物，在这些挥发性物质的共同作用下，形成了羊肉独特的风味。

羊肉膻味的大小与羊的品种、性别、年龄、饲草料和羊舍的环境有关，其影响因素主要有：

① 品种：绵羊品种与诸多环境影响因素间存在交互作用，决定了不同品种羊肉之间风味的差异。研究表明，羊肉风味强度随毛用羊品种羊毛品质的增加而增加。

② 性别：性别是影响羊肉膻味的重要因素之一。公羊、母羊、羯羊间羊肉的风味强度均有所差异，这可能是由于不

同性别羊体内激素水平、能量代谢等不同所致。公羊肉的膻味要明显大于母羊肉。

③ 年龄：年龄因素对羊肉膻味的形成具有很大的影响。随着年龄的增长，羊肉中各种物质的化学组成也随之发生变化，进而导致风味、营养价值等的变化。成年羊的脂肪中4-甲基辛酸和4-甲基壬酸的含量显著高于羔羊，导致成年羊肉的膻味要高于羔羊肉。

④ 饲喂与营养：营养因素及饲喂条件是直接和快速影响羊肉品质形成的重要因素。不同放牧类型、不同谷物配比或者不同代谢能饲粮都将影响羊肉产生膻味的大小。在白三叶草草地、苜蓿地放牧的羔羊具有较大的风味。另外，低能量日粮饲喂羊肉的膻味更大；维生素 E 是重要的抗氧化剂，对肉品质的改善具有重要作用。随饲粮中维生素 E 含量的增加，肌肉抗氧化能力增强，保水性能提高，多不饱和脂肪酸含量增加，与膻味相关的短链脂肪酸和硬脂酸的含量降低；硫元素对羊肉膻味的影响主要通过机体内含硫有机物参与氨基酸的转化而实现。若饲粮中提供的含硫有机物不足，导致羊体内含羰基化合物增高而使羊肉的膻味增大。

⑤ 部位：不同部位羊肉的脂肪酸的组成有显著的差异。

羊肉气味（膻味）的鉴别方法，即取前腿肉 500～1 000g，放在锅内蒸 60min，取出切成薄片，放入盘中，不加任何佐料，凭咀嚼感觉来判断气（膻）味的浓淡程度。

2. 羊肉品质评定的内在指标

一般是指单凭感官难以准确判定，必须借助仪器设备才能进行测定的与羊肉品质有关的指标参数。

（1）大理石纹。大理石纹指羊肉肌肉横切面红色肌纤维中含有大量白色肌间脂肪的纹理结构，该肌肉横切面肉眼观察很像大理石纹理。红色为肌细胞，白色为肌束间的结缔组织和脂肪细胞。白色纹理多而显著，表示其中蓄积较多的脂肪，肉多汁性好。

常用的评定羊肉大理石纹的方法是取第一腰椎部背最长肌鲜肉样，置于0~4℃冰箱中24h后，取出横切，以新鲜切面观察其纹理结构，并借用大理石纹评分标准图评定。只有大理石纹的痕迹评为1分，有微量大理石纹评为2分，有少量大理石纹评为3分，有适量大理石纹评为4分，若有过量大理石纹的评为5分。要准确评定，需经化学分析和组织学等测定。大理石花纹越多越丰富，表明羊肉越嫩，品质越好，价格也越高。

（2）羊肉的失水率（或系水力）。羊肉的失水率是羊肉的主要物理指标之一。羊屠宰后，肌肉蛋白质变性最重要的表现是丧失保存肌肉中水分性能，把这一现象称为肌肉的失水性。羊肉失水率受羊只年龄、肌肉pH值的影响。失水率越高，系水力就越低。肌肉系水力是动物宰杀后肌肉蛋白质结构和电荷变化的极敏感指标，直接影响羊肉的风味、嫩度、色泽、加工和贮藏的性能，羊肉的失水率比牛肉和猪肉的高。

失水率（%）=［（肉样压前重量-肉样压后重量）/肉样压前重］×100%

（3）羊肉的系水率。也称保水性，是指当肌肉在受外力作用时，如压力、切碎、加热、冷冻、解冻、腌制等加工或贮藏条件下保持其原有水分与添加水分的能力，用肌肉加压

后保存的水量占总水量的百分数表示。保水性的高低直接影响到肉的风味、颜色、质地、嫩度、凝结性等，是肉质评定的重要指标之一，系水率高，则肉的品质好。影响保水性的因素颇多，最主要因素是 pH 值变化、能量水平、肉的贮藏条件和包装，屠宰前各种条件、品种、年龄、脂肪厚度、肌肉的解剖学部位、分割大小、屠宰工艺、尸僵开始时间、蛋白质水解酶活性和细胞结构、成熟状况等都对肌肉的保水性有重要影响。

系水率（%）=［（肉样总水分-肉样失水量）/肉样总水分］×100

（4）羊肉的 pH 值。羊肉肌肉的酸碱度（pH 值）反映了羊屠宰后肌糖原的酵解速度和强度的重要指标。屠宰前，肌肉 pH 值为 7.1~7.2；宰杀后，由于鲜肉在成熟过程中糖酵解酶作用，肌肉中肌糖原酵解产生大量乳酸，三磷酸腺苷亦分解出磷酸，乳酸和磷酸逐渐聚积使肉的 pH 值下降。放血后经 1h，肌肉 pH 值可下降到 6.2~6.4，呈微酸性；放置 24h 则 pH 值为 5.6~6.0。此 pH 值在肉品工业中称为“排酸值”，它能维持到肉品发生变质分解之前。肌肉的 pH 值测定较合适的时间是屠宰后 45min，宰后 24h 测定为最终值。

羊肉 pH 值直接影响到肉的风味，由此可以判断鲜肉的成熟情况、肌肉中细菌的生长情况等变化。当肉开始腐败时，由于蛋白质在细菌酶的作用下被分解为氨和胺类碱性物质，因而使肉逐渐趋于碱性。新鲜肉 pH 值为 5.7~6.2；可疑新鲜肉的 pH 值为 6.3~6.6；当 pH 值为 6.7 以上时，属于不新鲜肉。

(5) 羊肉的熟肉率。是羊肉蒸熟后与生肉的重量比，是反映羊肉在烹饪过程中的保水情况。熟肉率越高，反映羊肉在烹饪过程中的系水力越强。熟肉率的测定方法是取右半胴体的腿部肌肉500~1 000g（肉样总重），在锅内水开后加盖蒸60min，取出肉样在无风阴凉处静置冷却30min后，称量熟肉重。

熟肉率（%）=（熟肉重/肉样总重）×100

(6) 羊肉的营养成分。羊肉鲜嫩，营养价值高，其粗蛋白含量低于牛肉而高于猪肉，粗脂肪含量低于猪肉而高于牛肉。蛋白质中所含主要氨基酸的种类和数量也符合人体营养的需要。且羊肉中的胆固醇含量较低，人对羊肉的消化率亦高。

（二）影响羊肉品质的因素

1. 品种

羊的品种不但影响羊肉的产量，也影响羊肉的品质。与山羊相比，一是绵羊生产性能好于山羊。绵羊肉致密而柔软，横切面细密，但不呈大理石纹状，肉质纤维柔软，一般肌肉间不夹杂脂肪，膻味小。成年羊肉为鲜红色或砖红色，羔羊肉为玫瑰色。育肥的绵羊肌间有脂肪，呈白色，质坚脆；山羊肉则呈淡红色，脂肪含量少，蛋白质含量可达20.65%，肉质却较绵羊肉稍差。不同品种之间羊肉适口性无明显的差异，但气味（膻味）差异较大，一般而言，肉用羊的气味（膻味）比当地羊的气味小，细毛羊的胴体比半细毛羊或粗毛羊品种的嫩度稍差；二是培育的肉羊品种生产性能高于地方品种，杂种羊肉质较好。杂种羊表现出较好的生产性能和肉质

品质，杂种羔羊肉色鲜红，肌间脂肪含量高，多汁性好，嫩度适宜，氨基酸种类齐全，营养成分全面，杂种一代肉品质良好。

2. 性别

羊的性别影响其羊肉的产量、质地、风味以及化学组成。在相同饲养条件下，公羊的产肉性能要远远高于母羊，但公羊肉质地相对粗糙，比较坚硬，并且气味也比母羊大，具有特殊的腥臭味。此外，公羊的肌间脂肪含量低于母羊，但其饲料转化率却比母羊高。与羯羊比，公羊去势后肉的品质可以得到明显改善，并具有生长速度快、饲料利用率高、胴体瘦肉率高等特点。在相同的饲养管理条件下，公羊的饲料转化率比羯羊高 12%~15%，但屠宰率和羊肉的嫩度均低于羯羊。母羊肌肉中棕榈酸的含量显著低于公羊，硬脂酸含量均高于育成羊和成年公羊。

3. 屠宰年龄及部位

羊肉的嫩度受年龄的影响很大，但从羔羊到周岁阶段变化较小。按照羊的生长规律曲线，在达到生理生长高峰后再进行饲养会增加饲养成本，而且随着年龄增长，肌肉组织中脂肪减少，肌纤维显著变硬，系水力下降，胴体品质降低，嫩度较羔羊肉差，年龄大的羊比年龄小的羊气味大，羊肉总体品质下降。羔羊肉中的含量仅为 2%~5%，而成年羊肉肉质中脂肪的含量为 16%~22%。

不同部位的羊肉其组成也有很大差异，其胴体肉以后臀肉、眼肌、羊排最受欢迎，肉质优于其他部位，详见

表5-11。

表5-11　肉羊不同部位肉的化学组成

部位	水分（%）	粗脂肪（%）	粗蛋白（%）	灰分（%）
胸部肉	48	37	12.8	—
后腿部肉	64	18	18.0	0.9
背部肉	65	16	18.6	—
肋部肉	52	32	14.9	0.8
肩部肉	58	25	15.6	0.8

4. 营养水平

饲料的种类、品质以及饲料中所含的营养成分是影响羊产肉性能和羊肉品质的关键性因素。不同的日粮组成可以影响动物采食量和生理代谢机能，进而能够影响肉品品质。在一定的能量水平下，提高蛋白质水平可以提高羊肉品质。试验证明，某些羔羊肉的味道与芳香族的野生牧草有关。白三叶草、苜蓿、油菜、燕麦等草料会影响羊肉的味道，绵羊采食沙葱后对羊肉的品质和风味都有明显的改善作用，宰前补饲维生素D可以改善羊肉的嫩度，日粮中添加亚麻籽可不同程度提高羊肉的熟肉率，大理石花纹，降低失水率。

5. 肥育性能

肉用品种羊或经过育肥的羊，其胴体中脂肪渗入肋骨的肌肉内，胴体品质好。此外，胴体上还覆盖一层脂肪，对屠宰以后的冷冻起着隔离层的作用，可减少羊肉的老化。皮下脂肪薄的胴体比脂肪覆盖厚的胴体在冷冻以后容易变老。提

高育肥强度可明显改善肉色和熟肉率，但对 pH 值、失水率、嫩度和肌纤维直径无显著影响。对育肥公羊进行去势，可降低羊肉中的膻味，根据市场适时的对育肥羊进行屠宰，可以提高生产效益，又能改善羊肉品质。

6. 饲养方式

放牧饲养、舍饲饲养以及半放牧半舍饲饲养等不同养殖方式对羊肉的品质均有不同程度的影响。一般而言，放牧养殖方式的羊肉颜色较舍饲和高营养水平育肥羊的肉色红，山羊肉较绵羊肉色红。

7. 宰后成熟（排酸处理）

由于羊肉具有冷收缩的特性，在冷却加工过程中，容易造成嫩度下降，影响产品品质。羊屠宰后，经低温排酸处理，可以很好地防止羊肉的冷收缩，成熟效果最佳。羊胴体在僵死前迅速冷冻或早期冷冻，可以避免羊肉变老。肉羊宰杀放血后利用电刺激也可以增加肉的嫩度。

8. 宰前状况

羊在屠宰前的运输、应激、宰前休息以及饲养管理条件均会影响肌肉中的肌糖原含量，从而间接影响肉的品质。屠宰前的管理不当造成宰前强应激时，羊体内儿茶酚胺类激素的浓度升高、肌糖原浓度降低而乳酸浓度提高，可导致宰后的羊肉酸化速度加快，肌肉蛋白强烈变性，发生收缩而系水率快速下降。pH 降低，甚至肌糖原耗竭，可导致肌内剪切力增高和肉嫩度下降，形成品质低劣的 PSE 肉或 DFD 肉。

四、羊胴体质量等级及其指标

（一）羊胴体等级要求

羊胴体质量等级考核指标包括胴体重、肥度、肋肉厚、肉脂硬度、肌肉度、生理成熟度、肉脂色泽等 7 项，具体要求见表 5-12。

（二）胴体等级指标评定方法

1. 胴体重

胴体重指宰后去皮、头、蹄、尾、内脏及体腔内全部脂肪后，在温度 0~4℃，湿度 80%~90%的条件下放置 30min 的羊胴体重量。

2. 肥度

肥度是指胴体外表脂肪沉积厚度、分布状况与肌肉断面所呈现的脂肪沉积程度，评定方法是沿 12~13 根肋骨横切开，用游标卡尺测量断面背部脂肪厚度。

3. 肋肉厚

肋肉厚指胴体 12~13 肋间，距背中线 11cm 处胴体肉厚度。

4. 背脂厚

背脂厚是指第 12 根肋骨与第 13 根肋骨之间的眼肌肉中心正上方脂肪的厚度。

表 5–12　羊胴体等级及要求

类别	考核指标	等级要求			
		特级	优级	良好级	可用级
大羊肉	胴体重（kg）	>25	22~25	19~22	16~19
	肥度	背膘厚度 0.8 ~ 12cm，腿肩背部脂肪丰富、肌肉不显露，大理石花纹丰富	背膘厚度 0.5 ~ 0.8cm，腿肩背部覆有脂肪，腿部肌肉略显露，大理石花纹明显	背膘厚度 0.3 ~ 0.5cm，腿肩背部覆有薄层脂肪、腿肩部肌肉略显露，大理石花纹略现	背膘厚度 ≤ 0.3cm，腿肩背部脂肪覆盖少、肌肉显露，无大理石花纹
	肋肉厚（mm）	≥14	9~14	4~9	0~4
	肉脂硬度	脂肪和肌肉硬实	脂肪和肌肉较硬实	脂肪和肌肉略软	肌肉和脂肪软
	肌肉度	全身骨骼不显露，腿部丰满充实、肌肉隆起明显，背部宽平，肩部宽厚充实	全身骨骼不显露，腿部较丰满充实、微有肌肉隆起，背部和肩部比较宽厚	肩隆部及颈部脊椎骨尖稍突出，腿部欠丰满、无肌肉隆起，背和肩稍窄、稍薄	肩隆部及颈部脊椎骨尖稍突出，腿部窄瘦、有凹陷，背部和肩部窄、薄
	生理成熟度	前小腿至少有一个控制关节，肋骨宽、平	前小腿至少有一个控制关节，肋骨宽、平	前小腿至少有一个控制关节，肋骨宽、平	前小腿至少有一个控制关节，肋骨宽、平
	肉脂色泽	肌肉颜色深红，脂肪乳白色	肌肉颜色深红，脂肪白色	肌肉颜色深红，脂肪浅黄色	肌肉颜色深红，脂肪黄色

（续表）

类别	考核指标	等级要求			
		特级	优级	良好级	可用级
大羊肉羔羊肉	胴体重（kg）	>18	15～18	12～15	9～12
	肥度	背膘厚度 0.5cm 以上，腿肩背部覆有脂肪，腿部肌肉略显露，大理石花纹明显	背膘厚度 0.3～0.5cm 左右，腿肩背部覆有薄层脂肪、腿肩部肌肉略显露，大理石花纹略现	背膘厚度 0.3cm 以下，腿肩背部脂肪覆盖少、肌肉显露，无大理石花纹	背膘厚度≤0.3cm，腿肩背部脂肪覆盖少、肌肉显露，无大理石花纹
	肋肉厚（mm）	≥14	9～14	4～9	0
	肉脂硬度	脂肪和肌肉硬实	脂肪和肌肉较硬实	脂肪和肌肉略软	肌肉和脂肪软
	肌肉度	全身骨骼不显露，腿部丰满充实、肌肉隆起明显，背部宽平，肩部宽厚充实	全身骨骼不显露，腿部较丰满充实、微有肌肉隆起，背部和肩部比较宽厚	肩隆部及颈部脊椎骨尖稍突出，腿部欠丰满、无肌肉隆起，背和肩稍窄、稍薄	肩隆部及颈部脊椎骨尖稍突出，腿部窄瘦、有凹陷，背部和肩部窄、薄
	生理成熟度	前小腿有折裂关节；折裂关节湿润、颜色鲜红；肋骨略圆	前小腿可能有控制关节或折裂关节；肋骨略平、宽	前小腿可能有控制关节或折裂关节；肋骨略平、宽	前小腿可能有控制关节或折裂关节；肋骨略平、宽
	肉脂色泽	肌肉颜色红色，脂肪乳白色	肌肉颜色红色，脂肪白色	肌肉颜色红色，脂肪浅黄色	肌肉颜色红色，脂肪黄色

（续表）

类别	考核指标	等级要求			
		特级	优级	良好级	可用级
肥羔肉	胴体重（kg）	>16	13~16	10~13	7~10
	肥度	眼肌大理石花纹略显	无大理石花纹	无大理石花纹	无大理石花纹
	肋肉厚（mm）	≥14	9~14	4~9	0~4
	肉脂硬度	脂肪和肌肉硬实	脂肪和肌肉较硬实	脂肪和肌肉略软	肌肉和脂肪软
	肌肉度	全身骨骼不显露，腿部丰满充实、肌肉隆起明显，背部宽平，肩部宽厚充实	全身骨骼不显露，腿部较丰满充实、微有肌肉隆起，背部和肩部比较宽厚	肩隆部及颈部脊椎骨尖稍突出，腿部欠丰满、无肌肉隆起，背和肩稍窄、稍薄	肩隆部及颈部脊椎骨尖稍突出，腿部窄瘦、有凹陷，背部和肩部窄、薄
	生理成熟度	前小腿有折裂关节；折裂关节湿润、颜色鲜红；肋骨略圆	前小腿有折裂关节；折裂关节湿润、颜色鲜红；肋骨略圆	前小腿有折裂关节；折裂关节湿润、颜色鲜红；肋骨略圆	前小腿有折裂关节；折裂关节湿润、颜色鲜红；肋骨略圆
	肉脂色泽	肌肉颜色浅红，脂肪乳白色	肌肉颜色浅红，脂肪白色	肌肉颜色浅红，脂肪浅黄色	肌肉颜色浅红，脂肪黄色

引自《鲜、冻胴体羊肉》（GB/T 9961—2008）

5. 大理石花纹

对照大理石花纹等级图片（其中，大理石纹等级图给出的是每级中花纹的最低标推）确定眼肌横切面处大理石花纹等级。大理石花纹等级共分为7个等级：1级、1.5级、2级、2.5级、3级、3.5级和4级。大理石花纹极丰富为1级，丰富为2级，少量为3级，几乎没有则为4级，介于两级之间为0.5级，如介于极丰富与丰富之间为1.5级。

6. 生理成熟度

生理成熟度指羊胴体骨骼、软骨、肌肉生理发育成熟程度。生理成熟度分为A、B、C、D、E五级。

7. 肉脂色泽

肉脂色泽指羊胴体或分割肉的瘦肉外部与断面色泽状态以及羊胴体表层与内部沉积脂肪的色泽状态。肉色等级按颜色深浅分为1A、1B、2、3、4、5、6、7、8共9个等级，其中肉色为3、4两级最好。脂肪颜色等级也分为9级：1、2、3、4、5、6、7、8、9，其中，脂肪颜色1、2级时最好。

8. 眼肌面积

眼肌面积的评定方法是沿12~13根肋骨横切开眼肌，将硫酸纸覆盖在切面上，用软质铅笔沿眼肌边沿描出眼肌形状轮廓，用坐标纸对照计算眼肌面积。

9. 肉脂硬度和肌肉度

肉脂硬度指羊胴体腿、背、侧腹部肌肉和脂肪的硬度。

肌肉度指胴体各部位呈现的肌肉丰满程度，主要以手触、压的方法评价。

五、胴体羊肉质量要求与指标

（一）胴体羊肉感官鉴别指标

胴体羊肉的品质鉴别指标包括色泽与黏度、组织状态与弹性、气味和煮沸后的肉汤等几个方面。指标的鉴别方法如下：

色泽与黏度的鉴别。是将羊肉置于白色瓷盘中，在自然光线下，观察肉的外部形态，色泽，有无干膜或污物，肉表面和深层组织的状态以及发黏的程度；

组织状态与弹性。用手指按压羊肉表面，观察指压凹陷的恢复速度和状态；

气味。是在常温下（20℃）检查羊肉的气味。首先判定外部气味，然后用刀切开立即判定深层的气味，要注意同时检查骨骼周围组织的气味；

煮沸后的肉汤。是称取20g切碎的肉末，置于200mL烧杯中，加水100mL，用表面皿盖上，加热至50~60℃，开盖检查气味，继续加热煮沸20~30min，迅速检查肉汤的气味、滋味、透明度以及表面浮游脂质的状态、多少、气味和滋味。

胴体羊肉的感官要求规定详见表5-13。

表 5-13　鲜胴体、冻胴体羊肉感官要求

指标	新鲜肉	冷却肉	冻羊肉（解冻后）	腐败变质羊肉
色泽	肌肉色泽浅红、鲜红或深红、有光泽；脂肪乳白色、淡黄色或黄色	肌肉红色均匀、有光泽；脂肪乳白色、淡黄色或黄色	肌肉色泽鲜艳、有光泽；脂肪乳白色、淡黄色或黄色	肌肉颜色变暗；脂肪红褐色、灰色或淡绿色
组织状态与弹性	肌纤维致密，富有弹性，结实紧密，指压凹陷很快恢复	肌纤维致密、坚实、有弹性，指压凹陷立即恢复	肉质紧密，有坚实感，肌纤维有韧性	无弹性，指压凹陷不能恢复
黏度	肉表面微干或具有风干膜，表面不发黏，切面湿润，不发黏	肉表面微干或具有风干膜，切面湿润，不发黏	肉表面微湿润，不粘手	肉表面干膜更干或发黏，有时被覆有霉层；切面发黏，肉汁呈灰色或淡绿色
气味	有新鲜羊肉固有的气味，无异味	有新鲜羊肉固有的气味，无异味	有羊肉的正常气味，无异味	有酸臭、霉味或其他异味
煮沸后肉汤	肉汤透明、芳香，有令人愉快的气味。肉汤表面浮有大的油滴，脂肪气味和滋味正常	肉汤透明清澈，脂肪团聚于表面，具独特香味	肉汤透明澄清．脂肪团聚于表面，无异味	肉汤混浊，有絮片和腐臭气味，肉汤表面几乎不见油滴，有酸败脂肪的气味

引自《鲜、冻胴体羊肉》（GB/T 9961—2008）

（二）鲜胴体、冻胴体羊肉的限量指标

鲜胴体、冻胴体羊肉限量指标、微生物限量及其测定方法详见表 5-14、表 5-15。

表 5-14 鲜胴体、冻胴体羊肉限量指标及测定方法

项目	限量指标	测定方法
水分	≤78	GB 18394《畜禽肉水分限量》
挥发性盐基氮（mg/100g）	≤15	GB/T 5009.44《肉及肉制品卫生标准的分析方法》
总汞（以 Hg 计，mg/kg）	不得检出	GB/T 5009.17《食品中总汞及有机汞的测定》
铅（以 Pb 计，mg/kg）	≤0.20	GB/T 5009.12《食品中铅的测定》
无机砷（以 As 计，mg/kg）	≤0.05	GB/T 5009.11《食品中总砷及有机砷的测定》
铬（以 cr 计，mg/kg）	≤0.10	GB/T 5009.123《食品中铬的测定》
镉（以 Cd 计，mg/kg）	≤0.10	GB/T 5009.15《食品中镉的测定》
亚硝酸盐（以 $NaNO_2$ 计，mg/kg）	≤3	GB/T 5009.33《食品中亚硝酸盐及硝酸盐的测定》
青霉素（mg/kg）	≤0.05	GB/T 20755《畜禽肉中九种青霉素类药物残留量的测定液相色谱-串联质谱法》
磺胺类（以磺胺类总量计，mg/kg）	≤0.1	SN 0208《出口肉中十种磺胺残留量检验方法》
氯霉素（mg/kg）	不得检出	SN 0341《出口肉及肉制品中氯霉素残留量检验方法》
左旋咪唑（mg/kg）	≤0.05	SN 0349《出口肉及肉制品中左旋咪唑残留量检验方法气相色谱法》
敌敌畏（mg/kg）	≤0.05	GB/T 5009.20《食品中有机磷农药残留量的测定》
六六六（mg/kg）	≤0.2	GB/T 5009.19《食品中六六六、滴滴涕残留量的测定》
滴滴涕（mg/kg）	≤0.2	GB/T 5009.19《食品中六六六、滴滴涕残留量的测定》
溴氰菊脂（mg/kg）	≤0.03	SN 0341《出口禽肉中溴氰菊脂残留量检验方法》

（续表）

项目	限量指标	测定方法
克伦特罗	不得检出	GB/T 5009.192《动物性食品中克伦特罗残留量的测定》
已烯雌酚	不得检出	GB/T 5009.108《畜禽肉中已烯雌酚的测定》

表 5-15　鲜胴体、冻胴体羊肉中微生物限量指标及测定方法

项目	限量指标	测定方法
菌落总数（cfu/g）	$\leqslant 5\times10^5$	GB/T 4789.2《食品卫生微生物学检验菌落总数测定》
大肠菌群（MPN/g）	$\leqslant 1\times10^3$	GB/T 4789.2《食品卫生微生物学检验大肠菌群测定》
沙门氏菌	不得检出	GB/T 4789.2《食品卫生微生物学检验沙门氏菌检验》
志贺氏菌	不得检出	GB/T 4789.2《食品卫生微生物学检验志贺氏菌检验》
致泻大肠埃希氏菌	不得检出	GB/T 4789.2《食品卫生微生物学检验致泻大肠埃希氏菌检验》
金黄色葡萄球菌	不得检出	GB/T 4789.2《食品卫生微生物学检验金黄色葡萄球菌检验》

第二节　活羊屠宰质量控制

一、羊屠宰场的建设

（一）羊屠宰场选址要求

羊屠宰场场址的选择，应综合考虑地形、水位、排水、光照、通风、供电等方面，并符合《畜类屠宰加工通用技术

条件》（GB/T 17237—2008）和国家相关法律法规的要求。羊屠宰场选址的条件如下。

第一，屠宰场应选址合理，符合动物防疫法规定的动物防疫条件和市政府的定点规划。

第一，屠宰场应选择地势较高、干燥、平坦，具有一定斜度的场所，并且便于污水排放的区域。

第三，屠宰场应远离学校、村庄、居民区、医院、旅游点、水源保护区等公共场所以及畜禽养殖场和饮用水取水口。应处在城市（含县城）、乡镇所在地常年主导风的下方。

第四，屠宰场应交通方便，靠近公路、铁路或码头，但不能设在交通主干道上。电源供应稳定可靠，水源充足，水质符合 GB 5749 生活饮用水标准要求。

第五，屠宰场附近无有害气体、粉尘、灰砂、污浊水和其他污染源。

（二）羊屠宰场设计要求

羊屠宰场的总体布局设计要符合科学管理、方便生产和清洁卫生的原则，一是屠宰场四周必须有围墙与外界隔离，以防其他动物进入；二是要设立门岗，门口设有有效的消毒池，要配置车辆清洗和消毒的场地及设施；二是屠宰场的各区域既相互连贯，又合理布局。要求生产区与生活区、行政区，屠宰加工区与批发交易区必须分开；三是场内应设置非清洁区、半清洁区和清洁区，做到疫病隔离、病健分宰，原料、成品、副产品和废弃物的运转不交叉相遇，以免造成污染；四是场内要有畜粪处理设施，并达到环保要求。

在屠宰场应设置羊的宰前管理区、屠宰加工区、病羊隔离区、行政生活区、动力区、无害化处理区和污水处理区，各区之间应有明确的分区标志，尤其是宰前饲养管理区、生产区和隔离区，要用围墙隔离。设立专门通道相连，并有严格的消毒措施。生活区和生产区间要有隔离区。病羊隔离圈、急宰间、化制间及污水处理应在生产加工区的下风点。锅炉房应临近蒸汽动区车间及浴室。

羊的屠宰工作流程见图5-1。

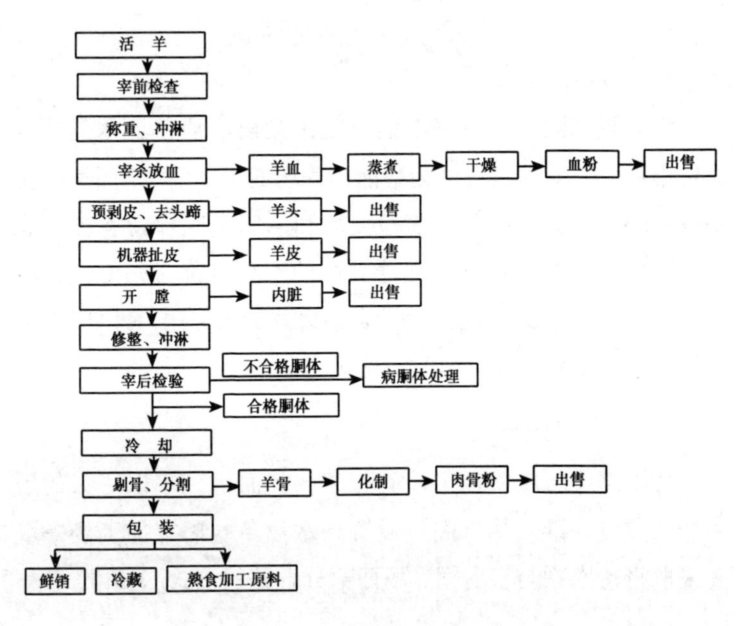

图5-1　羊的屠宰工作流程

（三）羊屠宰场建设要求

1. 屠宰前饲养场

宰前饲养场是进行屠羊验收、检疫、分类和屠羊休息的

地方，应距生产区至少300m，以防疫病的扩散与传染。其建设规模（存储羊数量）为日屠宰量的3倍。场门口要设置消毒槽，场内设卸车台、地秤、检疫栏（或圈）以及供宰前检疫和测温用的分群栏和夹道，应有适当的坡度，以便排水和消毒。圈舍应采取小而分立的形式，防止疫病传播。有良好的通风，足够的光线和完善的上下水系统。圈内还要有足够的饲槽、饮水槽和圈底排水沟，必须每天清除粪便，定期消毒。

2. 病羊隔离圈

病羊隔离圈是供收养宰前检疫中剔出的病羊，尤其是可疑传染病的羊。建设规模为宰前饲养场的1%。病羊隔离圈要用围墙隔离，只与屠羊宰前检疫场和急宰车间保持有限的联系。圈内的用具、设备、运输粪便的工具等都必须专用，便于清洗和消毒，粪便经处理消毒后才可运出，出入口应设消毒槽，便于消毒病羊尸体和运输工具。

3. 待宰圈

待宰圈应与屠宰加工车间相邻，其面积大小以一天的屠宰加工数量为准。待宰圈应设置饮水设备。屠宰加工场一般多采取将待宰圈与宰前饲养场两部分合并的方式。

4. 屠宰加工车间

屠宰加工车间内原料、成品及废弃物的转运不得交叉，进出应有各自专用的通道。车间内须设立兽医检验点、有操作台及刀具消毒设备。车间墙壁、地面和顶棚可采用不透水材料建成。屠宰加工车间以及与其他车间的联系一般采用架

空轨道和传送带的传送装置。车间内应有良好的通风设备，在北方的冬季，必须安装去湿除雾机，在南方还须有降温设备。车间内应有充足的冷热水和完善的下水道系统。

5. 胴体整修晾挂间

胴体整修晾挂车间供羊胴体冷藏前晾挂冷却，其室内温度以5~10℃为宜。

6. 副产品处理间

与胴体晾挂间和屠宰加工间相邻，主要为处理羊内脏及头、蹄等副产品用，室内设冷水系统、热水系统，便于内脏清洗和处理。

7. 急宰间

位于病羊隔离圈旁边的急宰间是屠宰急宰病羊的场所。应设更衣室、淋浴室、污水池和粪便处理池。室内设备和设施要便于清洁和消毒，整个车间的污水必须经过严格消毒处理后才能排入下水道。急宰车间的人员应分工明确，设备和用具应专人专具专用，经常消毒，防止疫病扩散。

8. 无害化处理间

这是经急宰车间宰后需要快速处理的病羊胴体，车间内设有兽医检验室，经兽医检验人员确认羊肉能否食用后分别处理。

9. 分割车间

一级分割车间应包括原料（胴体）冷却间、分割剔骨间、分割副产品暂存间、包装间、包装材料间、磨刀清洗间及空

调设备间等。二级分割车间应包括原料（胴体）预冷间、分割剔骨间、产品冷却间、包装间、包装材料间、磨刀清洗间及空调设备间等。分割车间内各生产间面积应相互匹配，并应设置在同一层平面上，原料预冷间、原料冷却间、产品冷却间至少应各设两间，室内墙面与地面应易于清洗。

10. 辅助设施

包括更衣室、休息室、淋浴室、厕所等，其建筑面积应符合国家现行有关标准的规定，并结合生产实际确定。

二、屠宰前后的检疫与处理

（一）宰前检疫与处理

在屠宰前，对待宰羊进行群体和个体的宰前检查，以便迅速检查出病羊、弱羊。

群体检查是将待宰羊按同一种类、同一产地、同一批次或同一圈舍进行分批、分圈检查。检查方式包括待宰羊的静态观察、动态观察和饮食状态观察 3 个方面；个体检查是对群体检查中被剔出的病羊和可疑病羊，集中进行详细的临床检查。临床检查一是看精神、被毛、皮肤是否正常。二是听叫声是否异常，有无咳嗽等。三是摸耳朵、角根，判断羊体温有无异常。四是对疑似患有人畜共患病的羊还须结合临床症状，有针对性地进行血常规和尿常规检查，必要的还要进行病理组织学和病原学等实验室检查。

宰前检疫与处理：

第一，准宰羊的处理。羊经过宰前检疫认为健康合格者，

准予屠宰。

第二，禁宰羊的处理。凡确诊患有炭疽、羊快疫、羊肠毒血症、狂犬病等恶性传染病的病羊，一律不准屠宰，应采取不放血的方法扑杀。对同群羊要逐头检测体温，体温正常者急宰，体温不正常者需进行隔离观察。

第三，急宰羊的处理。凡列入非恶性传染病或《中华人民共和国动物防疫法》规定为二类、三类传染病的，均应在急宰车间进行屠宰。确认为患轻症传染病及一般普通病，无妨碍肉食品卫生的有死亡危险的病羊，卫生检疫人员应立即签发急宰证，送急宰车间急宰。患布氏杆菌病、结核病、肠道传染病及其他传染病和普通病的羊，都需在急宰车间内进行屠宰。如无急宰车间，可在正常屠宰车间进行屠宰，但必须在兽医监督下进行，宰完后车间和设备必须彻底消毒。

第四，缓宰羊的处理。经过检查为一般性传染病和其他疾病，并且有治愈希望，或患有疑似传染病，而又未确诊的羊，可以缓宰。

第五，物理性因素致死羊的处理。羊因挤压、触电、斗殴等纯物理性原因暴死时，首先应查明致死原因后谨慎处理。胴体经无害化处理后可供食用。

宰前检疫结果及处理情况要做好记录、留档。如发现羊的传染病，应及时报告，并及时采取预防控制措施。

（二）宰后检疫与处理

羊宰后检验包括淋巴结检验、头蹄检验、内脏（胃肠、脾脏、心脏、肝脏、肺脏）检验和胴体检验。胴体和内脏的卫生检验是以感官检查和剖检为主，以细菌学、血清学实验室检查为辅，通过宰后检验，可以直接观察胴体、脏器、淋巴结等所呈现的病理变化和异常现象。

羊宰后检验结果的处理如下：

第一，适于食用的胴体。不受限制，新鲜出厂。

第二，有条件食用的胴体。凡患有一般传染病、轻症寄生虫病或病理损伤的胴体和内脏，根据病变性质和程度，经过各种无害化处理后，可以食用。

第三，需要化制的胴体。凡患有严重的传染病、寄生虫病、中毒病或病理损伤的胴体和脏器，在无害化处理后应炼制工业油或骨肉粉。

第四，需要销毁的胴体。凡患有《肉品卫生检验试行规程》所列的恶性传染病的胴体和脏器，必须经深埋、焚烧、湿化等方式销毁。

第三节　羊肉贮藏与保鲜质量控制

羊肉含有丰富的营养成分，特别是刚刚屠宰的新鲜羊肉温度适宜、营养丰富，是微生物生长繁殖极好的培养基。此外，羊肉本身还含有一定的酶，特别是在高温季节，在自然条件下几个小时就会腐败变质。羊肉的腐败，实际上主要是由于羊在屠宰、加工和流通等过程中受外界微生物的污染以及酶作用的结果，导致羊肉的感官性质、颜色、弹性、气味等发生严重的恶化，而且破坏了肉的营养成分，同时微生物的代谢产物会形成有毒物质而引起食物中毒。导致羊肉腐败的因素有以下两个方面：

一是微生物引起的腐败。随着羊肉蛋白质的分解产物氨类等而使肉的 pH 值提高，为腐败菌的生长提供了良好的条件。腐败通常是由外界环境中的好氧性微生物污染肉的表面开始，然后又沿着结缔组织向深层扩散。特别是临近关节、骨骼和血管的地方，最容易腐败。并且由微生物分泌的胶原蛋白酶使结缔组织的胶原蛋白水解形成黏液，这是羊肉在微生物作用产生腐败的主要标志。当肉表面每平方厘米的细菌数达 5 000 万个时就出现黏液。污染的细菌数越多，出现黏液所需的时间越短，并且温度越高，湿度越大，越容易产生黏液。

二是酶引起的蛋白质降解和脂肪氧化。腐败实际上是蛋白质的降解现象，由各种腐败菌所产生的蛋白水解酶类的分解作用促成。蛋白质的最终分解产物有无机物质（如氨类、含氮有机碱如甲胺和尸胺等)、有机酸类（如酮酸）及其他有机分解产物（如甲烷、甲基吲哚、粪臭素等)，这些物质可使肉出现难闻的臭味；微生物对脂肪进行两种酶促反应：一是微生物分泌的脂肪酶分解脂肪，产生游离脂肪酸和甘油；二是氧化酶氧化脂肪产生酸败气味。肉中的类脂和脂蛋白则可在脂酶的影响下，引起卵磷脂的酶解，形成脂肪酸、甘油、磷酸和胆碱。胆碱进一步转化为三甲胺、二甲胺、甲胺和神经碱等。三甲胺氧化后可变成带有鱼腥气味的三甲胺氧化物。当羊肉的颜色变暗淡，呈现黑色时，表明肌肉已严重腐败。

为了保证羊肉的质量和安全性，就需要采用适当的贮藏保鲜技术，抑制微生物造成的腐败，并减缓或抑制肉本身酶的活性，从而减少细菌污染和延长保鲜期。

一、羊肉贮藏

目前，羊肉最常用的方法是低温贮藏。但不同贮藏温度对羊肉品质产生一定的影响。主要表现：一是对羊肉嫩度的影响。随着贮藏时间的延长，羊肉的嫩度逐渐下降，在全程冷藏状态下羊肉的嫩度在第 8 天时达到最差；二是对羊肉 pH 的影响。畜体正常屠宰后呈中性或偏弱碱性（pH 值在 7. 1~7. 3 之间），但随着时间的推移，羊肉经历一系列的成熟过程。直接冷冻羊肉的 pH 值由 7. 02 降低为 6. 86，变化比较平缓。冷藏时间越长，pH 值越低。冷藏 5 天后再冻藏的羊肉的最终 pH 值为 5. 6；三是对羊肉蒸煮损失率的影响。羊肉的蒸煮损失率是衡量羊肉的保水性能指标之一。不同温度的贮藏方式，均可导致了羊肉蒸煮损失率的上升。10 天后，冷冻肉的蒸煮损失率达到最高；四是对细菌总数的影响。羊肉的细菌总数值越大则表明污染情况越严重。在全程冷藏下，细菌总数处于快速增长，最终的细菌总数高于《GB/T 9961—2008 鲜、冻胴体羊肉》规定的细菌总数。而在全程冷冻状态下，细菌总数的增长趋于平缓。冷藏 1、3、5 天后继续冷冻的羊肉的细菌总数增幅较小；五是对挥发性盐基氮的影响。挥发性盐基氮（TVB-N）具有挥发性，其含量越高表明氨基酸被破坏的越多，特别是蛋氨酸和酪氨酸，营养价值大受影响。全程冷藏状态下，羊肉的蛋白质降解而形成了挥发性盐基氮，并在 10 天之内急剧增加；在全程冻藏状态下，10 天之内的挥发性盐基氮变化很小。

除低温贮藏外，羊肉还可以采用热处理、脱水处理、辐射处理、抗生素处理等方法进行贮藏。

（一）羊肉的低温贮藏

低温贮藏是原料羊肉贮藏的最好方法之一。肉品腐败变质的主要原因是微生物的污染和自身酶的作用所导致，低温可以抑制微生物的生命活动和酶的活性，不会引起动物组织的根本变化，从而达到贮藏保鲜和延长肉品保质期的目的。由于能保持肉的颜色和状态，方法易行，贮藏量大，安全卫生，因此，这种方法被广泛应用。根据贮存温度的范围不同，羊肉的低温贮藏可分为冷却贮藏和冻结贮藏。

1. 羊肉的冷却贮藏

冷却贮藏是使羊屠宰后胴体或分割肉温度在 24h 内迅速降至 0~1℃左右，然后在 0℃左右贮藏的方法。冷却贮藏不能使肉中的水分冻结，并在后续加工、运输和销售各环节中始终保持该温度。通过该方法的冷却贮藏羊肉亦称为“冷鲜肉”。由于冷鲜肉始终处于冷却条件下并经历了充分的后熟过程，具有汁液流失少、质地柔软有弹性、滋味鲜美、营养价值高等特点。由于冷鲜肉没有采取杀菌措施，在此温度下（0~4℃）仍有一些嗜低温细菌可以生长，贮藏期一般为一周左右。

通过冷却过程，羊的胴体有序完成了尸僵、解僵、软化和成熟过程，羊肉中的蛋白质正常降解，肌肉排酸软化，嫩度明显提高，更有利于人体消化吸收。同时，冷却贮藏还减缓了冷却羊肉中脂质的氧化速度，降低了醛、酮等异味小分子的生成量，减少了对人体健康的不利影响。冷却羊肉在其

保质期内色泽鲜艳，与热鲜羊肉无异，且肉质更为柔软，又因其在低温下逐渐成熟，一些显味物质和降解形成的多种小分子化合物不断积累，使羊肉风味得到明显改善，这也是肉的“成熟”过程。

冷却贮藏一般采用空气作介质，冷却的速度取决于肉块的厚度和热传导性能，胴体越厚的部位冷却越慢，一般以后腿最厚部位中心温度为准。羊的胴体在入库前，应先把冷却间的温度降到-3.2℃，进肉后经14~24h的冷却，待肉的温度达到0℃时，使冷却间的温度保持在0~1℃。羊胴体在空气温度为0℃左右的自然循环条件下所需的冷却时间为18h，冷却间的湿度一般保持在90%~95%。

羊肉在冷却贮藏过程中会发生风味与颜色的变化，要防止腐败变质。在羊肉的成熟过程中，部分蛋白质在自溶酶的作用下分解，形成水溶性蛋白质、肽和氨基酸等，为微生物的生长繁殖提供了所需营养物质。冷却羊肉中的腐败微生物主要是革兰氏阴性假单胞菌、肠杆菌属和革兰氏阳性乳酸菌。微生物在繁殖过程中又会分泌蛋白酶，加速了蛋白质的分解以及羊肉的腐败变质。腐败不仅表现在蛋白质和脂肪等方面，还会在肌肉表面产生明显的感官变化，表现出变色发黏等性状。冷却肉感官评定指标详见表5-16。

表5-16 冷却肉感官评定指标

分值	色泽	组织结构	味道	肉汤
5（最好）	樱桃红，有光泽	柔软弹性好，指压后立即恢复，外表湿润不粘手	鲜香	澄清

（续表）

分值	色泽	组织结构	味道	肉汤
4（好）	淡暗红，有光泽	弹性较强，指压后可恢复；外表湿润微粘手，新切面湿润不粘手	正常	澄清
3（一般）	暗红，无光泽	弹性弱，指压后缓慢恢复	略有氨味，可接受	微混浊
2（较差）	灰暗或苍白，无光泽	无弹性，指压后不能恢复；外表粘手	异味较浓	很混浊
1（差）	红褐色，局部区域有不均匀的绿色斑块	新切面粘手；弹性完全丧失，指压后凹陷明显存在	腐败味，不能接受	混浊，发绿

2. 肉的冻结贮藏

羊肉要长期贮藏就需要进行冻结，即将羊肉的温度降低到-18℃以下，肉中的绝大部分水分（80%以上）形成冰晶。羊肉通过冻结可使肉类保持在低温状态，防止肉体内部发生由微生物、化学、酶以及一些物理的变化，从而防止肉类的品质下降。冻结肉在冻藏过程中会发生一系列变化，如冻结时形成的冰晶在冻藏过程中会逐渐变大，这会破坏细胞结构，使蛋白质变性，造成解冻后汁液流失、风味和营养价值下降，同时冻藏过程中还会造成一定程度的干耗。为了防止冻藏期间冻结肉的质量变化，必须要使冻结肉体的中心温度保持在-15℃以下、冻藏间的温度在（-18±2）℃。相对湿度95%～98%，空气以自然循环为好。目前，羊肉产业中大部分采用的是屠宰后直接冷冻的方法，缺少了冷却条件下肌肉的成熟过程，在嫩度、风味及其他品质上，均有所下降。

羊肉的冻结方法主要采用空气冻结法，即以空气作为与氨蒸发管之间的热传导介质。一般采用温度-25～-23℃（国外多采用-40～-30℃）、相对湿度90%左右、风速1.5～2.0m/s，冻肉的最终温度以-18℃为宜。

目前，冻结羊肉常用的解冻方法有空气解冻法、水解冻法、微波解冻法。分别如下。

第一，空气解冻法也就是自然解冻，是一种最简单的解冻方法，分为低温微风解冻和空气压缩解冻。在0～5℃冷藏库内，低风速（1m/s）加湿空气，经14～24h均匀解冻的方法称为低温微风解冻，又称缓慢解冻。这种方法的优点是解冻肉的整体硬度一致，便于加工，缺点是费时。

第二，压缩空气解冻法也是空气解冻法的一种，是指冻肉在15～20℃、相对湿度70%～80%。风速1～1.5m/s的流动空气中解冻。这种解冻方式是在普通的流动空气式解冻的基础上，再施加一定的压力对肉进行解冻。经20～30h解冻完成。

第三，水解冻法是用4%～20%的清水对冻肉进行浸泡或喷洒以解冻。此方法适用于肌肉组织未被破坏的半胴体或1/4胴体，不适合于分割肉。此方法的优点是速度快、肉汁损失少。在10℃水中解冻半胴体需13～15h，用10℃水喷洒解冻需20～22h。

第四，微波解冻是利用频率为2 450MHz的微波照射羊肉表面，引起肉中水分子激烈振动，产生摩擦而使冻结肉温度上升以达到解冻目的。其特点是解冻速度快，一定厚度的肉微波解冻1h完成，而空气解冻需要10h左右。

在低温条件下，冷冻贮藏的羊肉能抑制大多数微生物的生长繁殖、降低酶的活性、延长货架期、增加肉制品消费的机动性和可支配性，是储藏原料羊肉最方便、最有效的方法之一。若冷冻羊肉制品在运输、储藏、消费过程中的冷链技术不健全，以及销售环节温度控制不当、温度的波动而引起的肉制品的反复冻融，则会引起肉制品内部组织的一系列生理生化反应，使肌肉保水性、剪切力和肉的嫩度降低，加速了脂肪氧化，肉类制品风味劣变、褪色、营养破坏、甚至可能产生毒素，以及肉中蛋白质的比重不断下降，进而影响肉制品的品质。

冷冻保存能够有效降低羊肉品质改变的速度，延长肉产品的货架期。温度越低，羊肉的货架期越长，品质保持也越长久。

（二）羊肉的热处理保存

热处理保存是经热处理后杀死肉中的腐败菌和有害微生物、抑制能引起腐败的酶活性的保鲜技术。加热处理虽可起到抑菌、灭酶的作用，而且加热不能防止油脂和肌红蛋白的氧化，反而有促进作用。因此，该方法须配合其他保藏方法共同使用实施羊肉的保存。常用的方法有巴氏杀菌法和高温灭菌法。

1. 巴氏杀菌法

即将肉在低于100℃的水或蒸汽中处理、使肉的中心温度达到65~75℃、保持10~30min的杀菌方法。经巴氏杀菌的羊肉需在低温下贮藏，这是由于该方法处理可以杀死绝大多数病原菌，但仍有活的细胞和孢子及一些耐高温的酶不能被

灭活。

2. 高温灭菌法

羊肉在100～121℃的温度下处理的灭菌方法，主要用于生产罐装的肉制品。经高温灭菌法处理的羊肉制品，由于消毒彻底，基本可以杀死肉中存在的所有细菌及孢子，即使仍有极少量存活的，也已不能生长繁殖而引起肉品腐败，所以，具有较长的保质期，在常温下一般可在常温下可以保存半年以上。该方法的缺点是由于高温制作，使产品中的一部分营养成分降低。

热处理对肉类品质的影响主要表现在以下方面：

第一，对蛋白质的影响。加热不仅可使肉中的蛋白质变性、凝结、部分脱水而使制品具有弹性和良好的组织结构，还可以促进肉中一些特殊风味物质的形成，提高肉的风味，提高肉制品质量，但加热和过度热处理也会降低蛋白质的营养价值。

第二，对脂肪的影响。加热通过破坏肉品本身及微生物产生的脂肪酶，从而抑制了脂肪的水解性变质和游离脂肪酸的产生。

第三，对维生素的影响。大部分维生素在高温加热条件下均可受到破坏。

（三）羊肉的脱水保存

各种微生物的生长繁殖，至少需要40%～50%的水分，否则，微生物就不能生长繁殖。羊肉的脱水保藏也称干燥法或脱水法，即通过脱水方法是使羊肉内的水分减少，可以抑制微生物的生长，从而达到肉品长期保藏的目的。羊肉的脱水

方法包括加热脱水法和冰冻脱水法。

1. 加热脱水法

加热脱水可以在无冷藏条件下保存新鲜肉的大部分营养物质。在原料肉的加热脱水时，水分从肉品表面移去的速度不能大于水分从肉品内部向表面扩散的速度，以免造成肉品表面硬结而阻止水分的继续扩散。通过加热脱水的肉制品在复水烹熟后，其风味、质地与新鲜碎肉差异不大。

2. 冰冻脱水法

冰冻脱水是利用在一定条件下冰可直接升华为水蒸气的特点进行肉制品的脱水保存。该方法可加工完整的分割肉块，品质更类似于鲜肉。

（四）羊肉的其他保存方式

1. 辐射处理方法

用放射线照射食品，可以杀死表面和内部的细菌，使肉品在一定期限内不腐败变质、不发生品质和风味的变化，以达到长期保藏的目的。该方法适合工业化生产，在处理肉类时，无须提高肉的温度就可以杀死肉中深层的微生物和寄生虫，而且可以在包装以后进行，而不会留下任何残留物，有利于保持肉品的新鲜程度，而且免除冻结和解冻过程，是最先进的食品保藏方法。但肉经辐射后会产生异味，肉色变淡，且会损失部分氨基酸和维生素。利用同位素^{60}Co和^{137}Cs两种放射源辐照血液的效果和差异^{60}钴和^{137}铯辐射源的照射法保藏，需在专门设备和条件下进行。

●2. 腌制处理法●

人们通常通过腌制在常温下保存肉品。食盐是肉品中常用的一种腌制剂，可以抑制微生物生长繁殖，但不能杀死微生物。防腐必须结合其他方法使用。在肉品腌制剂中，硝酸盐、亚硝酸盐也是其重要的组成成分，它们不仅有发色作用、使肉制品光泽鲜艳，而且具有很强的抑菌作用，特别是对肉品中可能存在的肉毒梭菌具有特殊的抑制效果。

●3. 烟熏处理法●

熏烟的成分很复杂，有 200 多种，主要是一些酸类、醛类和酚类物质，这些物质具有抑菌防腐和防止肉品氧化的作用。经过烟熏的肉类制品均有较好的耐保藏性。烟熏还可使肉制品表面形成稳定的腌肉色泽。由于熏烟中含有许多有害成分，有使人体致癌的危险性。因此，将熏烟中的大部分多环烃类化合物除去，仅保留能赋予熏烟制品特殊风味、有保藏作用的酸、酚、醇、碳类化合物，研制成熏烟水溶液，对肉制品进行烟熏，取得了很好的效果。

●4. 抗生素处理法●

抗生素在不引起肉品发生化学或生物化学变化的情况下，延长肉品的贮藏寿命。抗生素是抑菌而不是杀菌性，只有肉品中污染的微生物数量较少时才最有效。在使用时必须慎重选择，所使用的抗生素必须在肉品进行热处理时容易分解，其产物对人体无毒害。肉品贮藏中常使用的抗生素有氯霉素、金霉素、四环素、乳酸链球菌素、泰乐霉素等，它们可用于非常耐热的细菌。一般不允许将抗生素用于半保藏品。虽然

抗生素可降低热处理强度和腌制程度，但也会使肉毒梭菌产生毒素的危险性增强。

5. 防腐保鲜剂处理法

防腐保鲜剂分为化学防腐剂和天然保鲜剂，防腐保鲜剂经常与其他保鲜技术结合使用。化学防腐剂主要是各种有机酸及其盐类。肉类防腐中使用的主要有乙酸、甲酸、柠檬酸、乳酸及其钠盐、抗坏血酸、山梨酸及其钾盐以及苯甲酸等。这些酸单独使用或配合使用对延长肉类保存期有一定效果，在使用时，先配成1%~3%浓度的水溶液，然后对肉进行喷洒或浸渍。天然保鲜剂法是今后肉类防腐保鲜处理的发展方向，目前使用较多的肉类天然保鲜剂有儿茶酚、香辛料提取物及乳酸链球菌素（Nisin）。

二、羊肉保鲜

（一）羊肉的腐败及其控制

1. 宰后胴体肌肉的成熟

羊屠宰加工后，胴体从有氧呼吸转变为无氧糖酵解，使糖原酵解产生乳酸，由于乳酸的蓄积，导致肉质的pH值下降，抑制微生物的生长，并且在组织固有酶的的作用下，肉质嫩度提高，风味变佳，这个过程称为肉的自然成熟。经过自然成熟的肉加工后汁鲜味美，口感细嫩，营养保存最好。肉在成熟过程中pH发生显著的变化。刚屠宰后肉的pH值6~7之间，约经过1h后开始下降，尸僵时达到pH值5.4~5.6，

而后随保藏时间的延长开始慢慢上升。尸僵和成熟与羊的品种、性别、年龄、屠宰前后处理、温度、分割与剔骨时间等因素有关。其影响到尸僵开始和持续的时间、纤维收缩程度、糖酵解的强度和速度等。屠宰后在冷却条件下，羊肉大约 10h 达到正常的充分尸僵。

●2. 微生物腐败●

羊肉的腐败是肉成熟过程的继续，实际上是由外界感染的微生物在其表面繁殖所致。冷却羊肉中的腐败微生物主要是革兰氏阴性假单胞菌、肠杆菌属和革兰氏阳性乳酸菌。发生微生物腐败的时间，很大程度取决于贮藏前产品污染腐败菌的程度和贮藏温度，即使在冷藏条件下，微生物对肉的污染仍不能完全消除，在有较多微生物存在的情况下，肉类很容易产生腐败现象，使肉品品质发生根本性的变化。

影响肉类腐败细菌生长的因素很多，如温度、湿度、渗透压、氧化还原电位等。pH 对细菌的繁殖极为重要，生肉的最终 pH 越高，细菌越易繁殖，而且容易腐败。因此，在运输和屠宰过程中过分疲劳或惊恐（应激作用），可导致肌肉中糖原少，死后肌肉最终 pH 升高，羊肉不耐贮存。

●3. 脂肪氧化和酸败●

脂肪是肉在贮藏过程中最易发生变化的成分之一，变化最初是脂肪组织本身酶的作用，之后是细菌产生酶的酸败。酸败主要来自脂肪氧化，会出现异味和变黄。

腐败不仅表现在蛋白质和脂肪等方面，还会在肌肉表面产生明显的感官变化，新鲜肉发生腐败的外观特征主要为色泽、气味的恶化和表面发黏。

(二) 羊肉的保鲜技术

目前，羊肉冷藏技术比较成熟的有低温冷藏保鲜、冰温保鲜、超低温保鲜、超高压保鲜、添加保鲜剂、辐射杀菌、改进包装材料与技术以及综合利用各种保鲜技术的栅栏技术等。

1. 低温冷藏保鲜技术

低温保鲜是人们普遍采用的技术措施。冷链系统是羊肉保鲜最为重要的手段。低温冷藏是肉品保存在略高于其冰点的温度，通常在2~4℃之间，这一范围内大部分致病菌停止繁殖，便嗜冷腐败菌仍可生长。低温冷藏保鲜要严格控制条件，而且储存期不宜过长。

2. 冰温保鲜技术

冰温贮藏保鲜是仅次于冷藏、冷冻的第三种保鲜技术。冰温是指从0℃开始到生物体冻结温度为止的温域。在这一温域保存储藏，生鲜食品不发生冻结、可维持最低程度的生理活性，可以使羊肉保持刚刚摘取的新鲜度，可有效延长产品的保鲜时间，减少损失。冰鲜肉比冷鲜肉具有更加良好的营养功能、安全性能，其具有更长的保藏时间。利用该术在冷鲜羊肉的运输途中，可以最大限度地抑制有害微生物的活动，延长羊肉的保鲜期，汁液损失率降低至3%以下，生鲜羊肉的保质期由7天延长至45天。

3. 超冰温保鲜技术

超冰温贮藏是通过调节冷却速度使物料温度即使达到冰

点以下也可以保持良好的过冷状态，保持物料不冻结的特殊技术。超冰温贮藏的优势之处在于即使物料温度在冰点以下，生物体也不冻结，且低温对微生物活动、氧化反应等化学变化的抑制作用更强，其进一步拓宽了冰温的范围。但超冰温对技术、设备的要求更高，在较低温度的环境中物料容易发生冻结。

●4. 超高压保鲜技术●

这也称液态静高压技术或高压技术，即利用100MPa以上（100~1 000MPa）的压力在常温或某固定温度下通过介质对食品物料进行处理，从而达到灭菌、改变物料性质或改变食品理化反应速率的效果。

超高压保鲜技术在肉品中应用较广，一是可保持食品良好的性状；二是通过改变肌球蛋白的结构而降低羊肉的剪切力，从而有利于改善羊肉的嫩度、风味和加速肉的成熟过程；三是可以通过提高脂肪等成分的熔点，防止脂质的氧化过程，从而改善羊肉的脂肪氧化、凝聚性和乳化性。

●5. 保鲜剂技术●

羊肉制品中与保鲜有关的食品添加剂分为保鲜剂、抗氧化剂、发色剂和品质改良剂4类。根据来源不同，保鲜剂又分为化学保鲜剂和天然保鲜剂。在生产中，防腐保鲜剂经常与其他保鲜技术结合使用。

（1）化学保鲜剂。常用的冷却羊肉化学保鲜剂是有机酸（包括乙酸、甲酸、柠檬酸、乳酸及其钠盐、抗环血酸、山梨酸）及其盐类和复合磷酸盐等，这些有机酸单独或配合使用，

对延长肉保存期均有一定效果，其中，使用最多的是乙酸、山梨酸及其盐和乳酸钠。这些保鲜剂大多数可以参与体内正常代谢，如利用3.5%~4.5%的醋酸溶液对冷却羊肉喷涂，可降低肉样中的微生物生长和脂肪氧化速度，减缓pH值上升，还能有效保持羊肉的感官品质，较长时间地延长肉样的货架期。

（2）天然保鲜剂。天然保鲜剂是一种绿色、环保安全的肉类保鲜剂，更符合消费者的需要。常用的冷却羊肉天然保鲜剂主要有溶菌酶、茶多酚、乳酸链球菌素、壳聚糖以及各种植物中的天然活性成分等。

溶菌酶是一种能水解致病菌中黏多糖的碱性酶。其作用于细胞壁中的多糖成分，使其分解为可溶性糖肽，细胞壁破裂后，菌体细胞溶解而死亡。由于溶菌酶来源简单、易消化吸收、无毒性和残留污染，现已广泛用作食品添加剂；

茶多酚对肉品防腐保鲜作用主要有抗脂质氧化作用、抑菌作用和除臭作用；

乳酸链球菌素是一种乳酸链球菌素的天然生物活性抗菌肽，能够抑制许多引起食品腐败的革兰氏阳性菌，只需极少量即可对革兰氏阳性菌具有很强的抗菌活性。因乳酸链球菌素被食用后很快被蛋白水解酶消化成氨基酸，不会造成肠道内正常菌群的改变和抗药性问题，也不会与其他抗生素出现交叉抗性，在冷却羊肉保鲜中的应用越来越广泛；

壳聚糖具有较好的抑菌活性。一般是将其与其他保鲜剂一起使用对冷却羊肉进行保鲜；

另外，从一些植物中提取的天然成分作为保鲜剂在食品中应用时，安全性和卫生性大大提高。如南瓜中含有的天然

抗菌物质、普洱茶提取物、绿茶中的多酚类及其衍生物等均具有优良的抗菌抑菌作用。

●6. 辐射杀菌技术●

辐射保鲜是利用电离辐射产生的射线及高能离子束对羊肉进行辐照处理，羊肉中的细菌吸收辐射能量后，内部结构发生变化，导致化学键裂解，使 DNA 失去复制能力，从而影响整个细胞体的正常功能，达到抑制细菌生长繁殖的目的。研究表明，在 0～4℃ 下 5kGy 辐射单位千戈瑞时，对细菌总数、乳酸菌、肠杆菌科菌及假单胞菌数具有明显的抑制作用。

●7. 包装技术●

选用合适的包装不仅可以保持鲜肉的颜色，还可抑制微生物的生长繁殖。用于冷却羊肉的包装一般是使用不同包装材料的真空包装及气调包装。

（1）真空包装。真空包装技术已广泛应用于食品包装贮藏。利用该技术可使包装内氧气含量降低，抑制好氧性细菌的生长繁殖，防止二次污染，减缓肉中脂肪氧化的速度，保持产品质量，提高产品外观和竞争力。

真空包装有 3 种形式：一是将整理好的肉放进包装袋内，抽掉空气，然后真空包装，接着吹热风，使受热材料收缩，紧贴于肉品表面；二是热成型滚动包装；三是真空紧缩包装。真空包装的主要问题是包装材料及包装前肉的卫生质量，同时真空包装必须配冷链销售，在冷藏条件下可使肉的货架期延长到 20d 以上，但由于真空包装产生负压造成严重失水，导致肉质汁液流失较多，使真空包装的使用受到一定

限制。

真空包装采用非透气性材料，不同的真空包装袋对冷却肉的保质期及感官特性具有一定的影响。由于真空包装使冷却肉隔绝了与氧气的接触，一是真空包装通过将包装内的空气抽出降低氧含量，羊肉从包装袋中取出后，肌红蛋白被氧化能迅速形成鲜亮的红色，从而对保持鲜肉的颜色起到积极的作用；二是阻止肉品与外界接触而造成污染，使产品卫生得到保证，高阻隔性膜阻止肉表面因脱水而造成的重量损失；三是使需氧菌的生长繁殖得到彻底抑制，相对延长了肉的货架期，但厌氧菌尤其是一些嗜冷性的乳酸杆菌依然生长繁殖并影响冷却肉的感官质量。

（2）气调包装。气调包装又称换气包装，是在密封包装袋中放入食品，抽掉空气，将设定好比例的气体填充入包装内以改变气体环境，抑制微生物的生长，保持鲜肉颜色，从而延长冷却羊肉的货架期。目前，气调包装已成为延长冷鲜肉货架期的最常用最有效的方法之一，它不仅可以保证肉品的卫生质量，延长货架期，还可对冷鲜肉的感官质量产生良好影响。

目前的气调包装形式多样，气调包装常用的气体有二氧化碳、氧气和氮气。其作用表现：

第一，CO_2具有抑菌作用。CO_2是许多微生物的呼吸代谢产物，可抑制细菌和真菌的生长，尤其是细菌繁殖的早期，也能抑制酶的活性，在低温和25%浓度时抑菌效果更佳，并具有水溶性。影响CO_2抑菌作用的因素主要包括：肉品中的微生物种类、作用时间、浓度、贮存温度等；引起鲜肉腐败的常见细菌如假单胞菌、无色杆菌、变形杆菌等在20%~30%的 CO_2 中受到明显抑制，过高的 CO_2 还会影响到鲜肉的品质。

第二，O_2 对鲜肉的保鲜作用。一是抑制鲜肉贮藏时厌氧菌繁殖；二是维持氧合肌红蛋白，在短期内使肉色呈鲜红色，易被消费者接受。尽管高浓度 O_2 的加入可使冷鲜肉保持鲜艳的红色，但也为许多有害的好氧菌创造了良好的环境，使气调包装肉的贮存期缩短。在0℃条件下，羊肉的贮藏期仅为两周。

第三，N_2 是一种惰性填充气体。对食品成分无直接影响，不影响肉的色泽，能防止氧也不抑制细菌生长，但对氧化腐败、霉菌生长和寄生虫有一定的抑制作用。

在肉类保鲜中，二氧化碳和氮气是两种主要的气体，一定量的氧气存在有利于延长肉类保质期，因此，必须选择适当的比例进行混合。采用 O_2 和 CO_2 的混合气体时效果最好，且在65% O_2、20% CO_2 的气体比例，0~4℃温度条件下，对肉色的保持效果最好，并能抑制菌落总数的增长，使冷却羊肉的货架期达到16~20天。

目前，国际上认为最有效的鲜肉保鲜技术是用高 CO_2 充气包装的CAP系统。研究表明，生鲜冷却肉的MAP保鲜包装理想气体条件为：30% CO_2、50% O_2、20% N_2。大量研究和商业应用情况来看，多采用20%~33% CO_2、33%~70% O_2、10%~33% N_2 的合理配比以达到肉的保鲜要求。

8. 栅栏技术

栅栏技术是指在食品设计、加工、储藏和销售的过程中，

利用食品内部能阻止微生物生长繁殖因素之间的相互作用，科学地控制食品贮藏保鲜期的技术。

目前，栅栏技术在食品防腐保鲜方面已经得到了广泛应用，包括保鲜剂复配技术、保鲜剂结合辐照技术和保鲜剂结合包装技术。

羊肉制品保鲜中主要的栅栏因子为温度和水分活度。温度控制在羊肉保鲜中有非常重要的作用，包括高温处理和低温处理。高温热处理可起到杀菌和灭菌的作用，是最安全、最可靠的羊肉制品保藏方法之一。高温杀菌处理应与产品的冷藏相结合，同时要避免羊肉制品的二次污染。低温可以抑制微生物的生长繁殖，降低酶的活性和羊肉制品内化学反应的速度，延长羊肉制品的保藏期。在选择低温保藏时，应以羊肉制品的种类和经济两方面进行考虑。冷藏是将新鲜肉品保存在其冰点以上但接近冰点的温度（-1～7℃），在此温度下可以将肉品的新鲜度保持到最大限度，但由于部分微生物仍可以生长繁殖，因此，冷藏的肉品只能短期保存。一般冻藏温度为-30～-18℃；水分活度是羊肉制品中所含水分汽压与相同温度下纯水的蒸汽压之比。当环境中的水分值较低时，微生物需要消耗更多的能量才能从基质中吸分。基质中的水分活度值降低至一定程度，微生物就生长。

栅栏技术在羊肉制品加工中的应用较广，如意大利的蒙特拉香肠、德国的布里道香肠以及传统的中国腊肠，采用降低水分活度来保证其可贮藏性。

第四节　羊肉加工和运输质量控制

一、羊胴体分级标准

（一）胴体分割标准

羊胴体分割后羊肉可分 3 个商业等级，其等级类别及所占整个胴体重的比例如下。

一等（75%）：肩背部 35%，臀部 40%。

二等（17%）：颈部 4%，胸部 10%，下腹部 3%。

三等（8%）：颈部切口 1.5%，前腿 4%，后小腿 2.5%。

羊胴体上食用价值最高的部位是臀部和肩部，其次是腰部，再次是肋部和腹部。前者含有较多的蛋白质，结缔组织和韧带较少，脂肪含量适中，容易咀嚼和消化吸收。

（二）胴体分级

1. 绵羊胴体外观分级

参见表 5-17。

表 5-17　绵羊胴体外观分级标准

级别	胴体外观
一级	肌肉发育最佳，骨不外露，全身覆盖脂肪适中，肩胛骨上附着柔软的脂肪层。
二级	肌肉发育良好，骨不外露，全身覆盖脂肪适中，肩胛骨稍突起，脊椎上附有肌肉。
三级	肌肉不太发达，骨骼显著外露，并附有细条脂肪层，臀部、骨盆部有瘦肉。
四级	肌肉不发达，骨骼显著外露，体腔上部附有脂肪层。

2. 山羊胴体外观分级

参见表 5-18。

表 5-18　山羊胴体外观分级

级别	膘度	重量
一级	肌肉发育良好，除肩部较高部位和脊椎骨尖稍外露外，其他部位的骨骼不突出，且皮下脂肪布满全身，但肩部与颈部脂肪层的分布较薄。	胴体重 25~30kg，肉质好，脂肪含量适中，第六对肋骨上部棘突上缘的背部脂肪厚度 0.8~1.2cm。
二级	肌肉发育中等，肩部、背部及脊椎骨尖稍外露，背部布满较薄的皮下脂肪，腰和肋骨有较少的脂肪浮现，荐部和臀部有肌膜突出。	胴体重 21~23kg，背部脂肪厚度 0.5~1.0cm。
三级	肌肉发育较差，骨骼的隆起部位明显外露，肉体的表面薄，脂肪层不明显。有的肌肉发育较好，但体表面无脂肪，均列入三级。	胴体重 17~19kg，背部脂肪厚度 0.3~0.8cm。

3. 羔羊和肥羔胴体分级标准

参见表 5-19。

表 5-19　羔羊和肥羔胴体分级标准

级别	羔羊	肥羔
一级	胴体重 20~22kg，背部脂肪厚度 0.5~0.8cm。	胴体重 17~19kg，肉质好，脂肪含量适中。
二级	胴体重 17~19kg，背部脂肪厚度在 0.5cm 左右。	胴体重 15~17kg，肉质好，脂肪含量适中。
三级	胴体重 15~17kg，背部脂肪厚度在 0.3cm 以上。	胴体重 13~15kg，肌肉发育中等，脂肪含量略差。

二、羊肉脱膻技术

（一）食材或者中草药脱膻法

民间处理羊肉膻味时多利用食材或者中草药等处理羊肉。如将羊肉与萝卜或者红枣加水共煮后，再对羊肉另行烹调，或将羊肉与大蒜、辣椒、醋等同煮，或加入板栗同煮均有减轻膻味的作用。也可利用中草药，如山楂、杏仁、白芷、砂仁、绿豆等对羊肉进行处理，但这仅能起到暂时掩盖膻味的作用，冷却贮藏后膻味会重新恢复。

（二）物理、化学脱膻法

1. 高温加热法

用蒸气直接喷射羊肉，利用超高温杀菌，同时，结合真空急骤蒸发的原理进行脱膻。

2. 包埋法

羊肉膻味物质中的挥发性化合物，如羰基化合物、含硫化合物及 BCFAs 等，易被环状糊精分子间的疏水空腔结构包埋，从而大幅度降低其挥发性而减轻膻味。

3. 环醚型脱膻剂法

环醚类物质与低级脂肪酸发生酯化反应，使膻味游离脂肪酸转变为具有香味的酯类化合物。

4. 漂洗法

用 pH 8.2 的自来水，以不同肉水比例及漂洗次数处理绞碎的绵羊肉，羊肉脂肪残留量大大降低，与膻味相关的

BCFAs含量也显著降低。顾仁勇等研究了温度、pH值、肉水比以及漂洗次数对羊肉脱膻效果的影响，表明当40℃、pH值8.2、肉水比1∶7、漂洗5次时，可以达到最佳脱膻效果。

5. 挤压法

将玉米淀粉与羊肉混合，用单螺旋杆挤压机进行挤压处理。挥发性化合物可以在高温下经挤压挥发，肉品混合物中的淀粉和蛋白质降解，形成了挤压风味从而掩盖了羊肉的膻味。

（三）微生物脱膻法

通过发酵菌株制成发酵混合制剂对羊肉进行发酵处理。发酵过程中，微生物释放的脂酶及蛋白酶类对羊肉的低级挥发性脂肪酸产生作用，从而降低了羊肉制品的膻味。

如采用植物乳杆菌和乳脂链球菌制成混合发酵剂处理羊肉，结果获得无膻味且滋味良好的羊肉香肠。将植物乳杆菌、啤酒片球菌和木糖葡萄球菌以2∶2∶1的比例混合生产羊肉发酵香肠，所得发酵肉制品口味适中，营养价值较好，且符合生产中发酵剂的要求。

用泡菜汁发酵羊肉，分析获得了符合发酵香肠生产要求的3株优势菌株。

植物乳杆菌、干酪乳杆菌、戊糖片球菌为适合生产羊肉发酵的发酵菌株。

三、羊肉运输要求

鲜羊肉、冻羊肉的运输按照《鲜、冻肉运输条件》

（G/BT 20799—2006）执行。

（一）运输工具要求

（1）鲜肉、冻肉运输应使用冷藏或保温车（船），在外界气温达到运输贮存规定温度时可采用箱式车（船），不应使用敞篷车（船）。

（2）运输车（船）内部材料应选用光滑、不渗透、容易清洗和消毒的材料，应具备有防尘、吊挂、周转箱垫板等必要的存放设施。

（3）运输车（船）应备有能使整个运输过程中维持规定温度的能力。长途运输时应该具备制冷设备和保温条件，并具有温度记录仪器。

（二）运输温度和时间

1. 鲜肉运输要求

（1）鲜肉装运前应铺开冷却到室温。

（2）鲜肉运输给零售商的过程中，在常温条件下运输时间不应超过4h；在0~4℃条件下运输时间不应超过12h。

2. 冷却肉运输要求

（1）冷却肉装运前应该将产品温度降低到0~4℃。在装货前的车厢温度预冷至10℃或更低。

（2）冷却肉运输时间少于4h的可采用保温车（船）运输，但应加冰块以保持车厢温度；时间长于4h的，运输设备应能使产品保持在0~4℃；冷却肉运输时间不应超过24h。

（3）运输车应配有自动温度记录仪器，以便及时对车厢内温度进行调控。

3. 冻肉运输要求

(1) 冻肉装运前应将产品中心温度降低至-15℃或者更低。在装货前应将车厢温度预冷至10℃或更低。

(2) 运输时间少于12h的可采用保温车运输，但应加冰块以保持车厢温度；时间长于12h，运输设备应能使产品保持在-15℃或更低的温度。

(3) 在运输途中，由于意外的环境条件，可以允许产品中心温度上升不超过-12℃，但任何产品的中心温度一旦高于-12℃，则应尽快在运输过程中将温度降下，或在交货后立即复冻至中心温度-15℃或以下，再进入冷藏库保存。

(4) 在产品运输中，定时使用车厢外的温度记录仪检查车厢内的温度。

(三) 羊肉的装卸要求

1. 产品入库、出库和装车、卸车的速度应尽快，使用的方法应以产品温度上升最少为宜。特别是在产品卸货进库前，应检查产品温度。

2. 羊肉产品装卸所使用的工器具、推车，在使用前后应进行清洗消毒，保持卫生。

第五节　羊肉污染情况及其控制

一、羊肉污染情况

(一) 生物性污染

生物性污染主要是指微生物、寄生虫、食品害虫等对羊

肉的污染。该类型的羊肉污染以微生物污染较为突出。其污染方式和途径有以下两种：

1. 内原性污染

亦称羊肉的一次污染，是指羊只在生长过程中不注意环境卫生控制或感染疾病导致本身带有的微生物而造成羊肉的微生物污染。羊在生长发育过程中感染的微生物一般有如下两类：

（1）致病性微生物。在动物生活过程中，被致病性微生物感染，从而导致在动物的某些组织器官中存在病原微生物。主要有沙门氏菌、炭疽、布氏杆菌、结核杆菌、口蹄疫等。该类病原微生物感染动物肌体以后，在其畜产品中也可能感染这些相应的微生物。

（2）非致病性和条件性致病性生物。可引起人兽共患传染病传播或食物中毒的发生。主要有布鲁氏菌、分枝杆菌、致病性大肠杆菌等。该类微生物在正常条件下寄生在动物体的消化道、呼吸道等某些部位，当动物处于环境应激而机体抵抗力下降时，这些微生物都会侵入到肌体的组织器官或肌肉之中，导致肉品污染。在一定条件下，该类微生物又成为肉品腐败变质和引起食物中毒的重要因素。

2. 外源性污染

亦称羊肉的二次污染，是指羊肉在加工过程和贮存流通环节中的所导致的污染。

（1）羊肉屠宰加工生产的二次污染。由于活羊本身携带大量细菌（导致内源性污染的微生物），因此，在屠宰过程中的宰杀、放血、脱毛、去皮及内脏、分割等环节均可造成微生物的多次污染。主要表现在以下两个方面：一是工人生产过程中的灭菌不彻底。羊肉食品的安全是一个系统工程，环节众多，控制过程复杂。在屠宰过程中，工作人员杀菌技术操作不到位可以引起羊肉的污染；二是生产环节引起的交叉污染。主要包括屠宰场和羊圈在消毒过程中的化学药物的残留、屠宰、分割刀具的消毒不彻底、屠宰加工车间中央空调系统的二次污染、下水道设计不合理导致下水道系统形成的污染，以及因工作人员消毒不彻底引起的相互交叉感染。

（2）羊肉贮藏、运输和销售环节的二次污染。

① 肉品贮藏环节的二次污染：引起贮藏环节羊肉的污染因素主要包括：冷库肉品卫生检验工作不到位，肉品调进调出无人把关，冷库的环境、工具用具的卫生管理不善等。

② 肉品运输环节的二次污染：该环节引起的羊肉污染主要取决于运输条件和严格卫生管理。主要表现在长途运输过程中，装运、封存车体工具清毒不彻底，到达目的地后羊肉的卸车、封存环节肉品卫生管理不到位。

③ 肉品销售环节的二次污染：引起销售环节羊肉的污染因素主要包括：销售场所的卫生状况，以及销售人员的个人卫生、身体健康状况等。

（二）化学性污染

化学性污染指兽药残留、农药残留、重金属污染等有毒、有害化学物质对羊肉的污染。在肉羊养殖和羊肉加工中很多因素可造成羊肉污染，除微生物外，兽药残留也日益突出。

一是在肉羊的生产过程中抗微生物药、抗寄生虫药和激素等兽药的大量使用，可导致羊肉的兽药残留；二是在牧草和饲料种植中大量施用农药，导致饲草料的污染；三是由于工业“三废”中的汞、镉、铅等重金属进入养殖生产环境，以及饲料保藏不当而导致青霉、黄曲霉、镰刀菌等微生物的生长繁殖并产生毒素，均可造成饲料和饮水的污染。

羊肉污染后造成的危害主要表现在：一是影响羊肉的感官性状，降低其食用价值；二是引起人食源性疾病或动物疫病的传播与流行；三是造成严重的经济损失。

二、羊肉污染控制技术

为了防止羊肉的污染，在肉羊养殖和屠宰加工，以及羊肉贮存、流通过程中应注重各个环节的管理，实施羊肉生产的全过程安全质量控制。

（一）肉羊养殖过程中污染控制

肉羊的养殖过程直接影响羊肉及其制品的质量和安全。因此，在肉羊养殖过程中应做到以下几个方面：一是规范肉羊养殖生产环境；二是加强饲养管理控制，保障饲草饲料和饮水清洁卫生，禁止饲喂被农药等污染和霉变的饲料；三是重视疾病的预防和控制，做好防疫工作，积极开展防疫、检疫、驱虫等程序性工作；四是合理使用兽药，严格遵守休药期规定，防止兽药残留；五是采取标准化养殖方式，建立标准化肉羊养殖示范区，实施肉羊的无公害、绿色和有机的规范化生产及认证。

（二）羊肉加工和流通环节的污染控制

在肉羊的屠宰加工环节，应遵守 GB 14881《食品企业通

用卫生规范》、GB/T 20575《鲜、冻肉生产良好操作规范》、GB/T 20940《肉类制品企业良好操作规范》、GB/T 20551《畜禽屠宰 HACCP 应用规范》等规定。应禁止来自疫区的肉羊进入屠宰区，待宰的肉羊应经宰前管理和宰前检验合格后方可屠宰。在屠宰过程中要注意卫生操作，羊胴体不能接触地面和污物。

在羊肉的加工和流通环节，应采取 GMP（良好操作规范）、HACCP（危害分析和关键控制点）、SSOP（卫生标准操作程序）等食品安全控制体系，防羊肉的污染。

第六节　肉羊安全生产养殖规范

为保证羊肉产品的卫生质量和食用安全，满足人们对优质安全羊肉的需求，在肉羊生产中应从产地环境、羊的饲养管理、饲料安全、兽医防疫、兽药使用五大环节着手，实施肉羊的 GAP、无公害、绿色和有机生产及认证。

一、肉羊GAP养殖规范

GAP 即良好农业规范，作为一种适用方法和体系，通过经济的、环境的和社会的可持续发展措施，来保障食品安全和食品质量。GAP 针对肉羊养殖特点，确定可定性或定量的控制点，生产单位通过控制这些控制点，来实现 GAP 管理标准，以减少肉羊生产过程的危害，同时 GAP 注重过程控制和记录，要求建立完备的生产档案，建立产品质量的可追溯制度。

由于 GAP 允许有条件合理使用化学合成物质，并且其认

证在国际上得到广泛认可，而且GAP特别强调合理性，注重管理的潜力，在满足基本要求条件下强调最大限度发挥人的能动性，较易实现与推广。

实施肉羊GAP认证是实现安全养殖规范化的标志。获得GAP认证证书后，肉羊养殖企业可以在产品宣传材料、商务活动中使用China GAP标志，对提高产品竞争力、扩大市场销售具有积极意义。GAP认证成为农产品进出口的一个重要条件，通过GAP认证的羊肉产品将在国内外市场上具有更强的竞争力。

《良好农业规范》针对肉羊的生产方式和特点，对养殖场选址、饲料和饮水的供应、场内的设施设备、肉羊的健康、药物的合理使用、养殖方式、肉羊的公路运输、废弃物的无害化处理、养殖生产过程中的记录、追溯以及对员工的培训等提出了要求。同时提出了环境保护的要求，员工的职业健康、安全和福利要求，以及动物福利的要求。

GAP认证程序如下。

第一，申请人获得并阅读有关认证标准及文件，按相关标准要求执行GAP操作规范，并保存操作记录。

第二，选择一家经国家认监委批准的认证机构，进行认证申请。

第三，申请人与认证机构签订认证合同，明确认证级别(一级认证/二级认证)、产品范围、检查时间及双方权利和义务等事项。

第四，认证机构派具有认证资格的检察员，对申请人进行外检和现场确认，对不符合项提出整改意见（认证机构在认证有效期内可选择任何时间进行检查和抽检）。

第五，当认证机构确认申请人满足所有适用条款时，即签发认证证书，证书有效期 1 年。

二、肉羊无公害养殖规范

肉羊无公害养殖的特点是规范化、标准化、科学化、高效、健康、无污染、无公害，其生产过程中要求必须科学合理地使用限定的兽药、药物饲料添加剂，禁止使用对人体和环境造成危害的化学物质。羊肉产品优质、安全，要求产地必须具备良好的生态环境，对产地实行认证管理。

肉羊的无公害养殖生产的相关技术标准详见表 5-20。

表 5-20　无公害肉羊生产的相关技术要求

生产阶段	适用范围	执行规范、技术标准
产地环境	环境卫生	农产品安全质量　无公害畜禽肉产地环境要求（GB/T 18407.3—2001）（2015-3-1 废止）
		无公害农产品　产地环境评价准则（NY/T 5295—2015）
		无公害食品　畜禽场环境质量标准（NY/T 388—1999）
	饮用水量	无公害食品　畜禽饮用水水质（NY/T 5027—2008）
	污染防治	畜禽规模养殖污染防治条例（国务院令第 643 号）
		畜禽养殖业污染防治技术规范（HJ/T 81—2001）
		粪便无害化卫生要求（GB 7959—2012）
	废弃物排放	畜禽养殖业污染物排放标准（GB 18596—2001）
		恶臭污染物排放标准（GB 14554—93）
		污水综合排放标准（GB 8978—1996）
	病羊、死羊无害化处理	《畜禽病害肉尸及其产品无害化处理规程》（GB 16548—2006）

（续表）

生产阶段	适用范围	执行规范、技术标准
养殖生产	羊只引入	种畜禽管理条例（国务院令第153号）（2011年修正本）
		种畜禽调运检疫技术规范（GB 16567—1996）（2017-3-23废止）
	饲料、饲料添加剂	饲料卫生标准（GB 13078—2001）
		无公害食品　畜禽饲养和饲料添加剂使用准则（NY/T 5032—2006）
		饲料药物添加剂使用规范（农业部公告第176号）
		禁止在饲料和动物饮水中使用的药物品种名录（农业部公告第176号）
	饲养管理	无公害食品　肉羊饲养管理准则（NY/T 5151—2002）
	兽药使用	无公害食品　畜禽饲养兽药使用准则（NY 5030—2006）
		食品动物禁止使用的兽药及其化合物清单（农业部公告第193号）
	疫病防控	无公害食品　肉羊饲养兽医防疫准则（NY 5149—2002）
		中华人民共和国兽用生物制品质量标准
		进口兽药质量标准
		中华人民共和国动物防疫法
	死淘羊处理	畜禽病害肉尸及其产品无害化处理规程（GB 16548—1996）
屠宰加工	厂区卫生	食品安全国家标准食品生产通用卫生规范（GB 14881—2013）
		肉类加工厂卫生规范（GB 12694—1990）（2017-12-23废止）
		畜类屠宰加工技术通用技术条件（GB/T 17237—1998）
	待宰羊要求	无公害食品　肉羊饲养管理准则（NY/T 5151—2002）
		无公害食品　畜禽饲料和饲料添加剂使用准则（NY 5032—2006）
		无公害食品　畜禽饲养兽药使用准则（NY 5030—2006）
		无公害食品　肉羊饲养兽医防疫准则（NY 5149—2002）

（续表）

生产阶段	适用范围	执行规范、技术标准
屠宰加工	加工用水	无公害食品　畜禽产品加工用水水质（NY 5028—2008）
		生活饮用水卫生标准（GB 5749—2006）
	加工条件和胴体质量	鲜、冻胴体羊肉（GB/T 9961—2008）
	胴体分割	无公害食品　羊肉（NY 5147—2008）（2014-1-1 废止）
羊肉包装	包装材料	食品包装用聚乙烯成型品卫生标准（GB 9687—1988）
		食品包装用原纸卫生标准（GB 11680—1989）

发展肉羊无公害养殖需要通过产地认定解决生产过程的质量控制和质量管理问题，通过产品认证解决羊肉质量安全问题。无公害农产品认证采取产地认定与产品认证相结合的模式。在取得省级农业部门颁发的无公害农产品产地认定证书后，方能取得农业部颁发的无公害农产品认证证书。无公害农产品认证包括产地认定和产品认证两个方面。无公害肉羊认证程序如下。

（1）申请者向所在县级农产品质量安全工作机构（以下简称“工作机构”）提出无公害农产品产地认定和产品认证一体化申请，并提交相应材料。

（2）县级农产品质量安全工作机构对申请材料的形式审查合格后，将材料报送地级工作机构。

（3）地级工作机构对申请材料进行符合性审查合格后，将材料报送省级工作机构。

（4）省级工作机构组织或者委托县、地工作机构进行现场检查，完成初审合格后，报请省级农业行政主管部门颁发

《无公害农产品产地认定证书》或者省级工作机构出具的产地认定证明，同时报送部直各业务对口分中心复审。

（5）农业农村部农产品质量安全中心审核并颁发《无公害农产品证书》。

产地认定证书和产品认证证书的有效期均为3年。

三、肉羊绿色养殖规范

肉羊绿色养殖，要求肉羊生产基地必须具备良好的生态环境，即各种有害物质的残留量符合有关标准规定，生产中不使用任何化学合成物质（AA级），或限量使用限定的化学合成物质（A级），保证羊只健康卫生。在肉羊绿色养殖中，必须按农业部颁布的《绿色食品产地环境技术条件》《绿色食品饲料及饲料添加剂使用准则》《绿色食品兽药使用准则》和《绿色食品动物卫生准则》等标准进行生产。

肉羊的绿色养殖生产的相关技术标准列于表5-21。

表5-21　绿色肉羊生产的相关技术要求

生产阶段	适用范围	执行规范、技术标准
产地环境	环境卫生	绿色食品　产地环境技术条件（NY/T 391—2000）（2014-4-1废止）
		畜禽场环境质量标准（NY/T 388—1999）
		绿色食品　动物卫生准则（NY/T 473—2001）（2017-4-1废止）
		绿色食品　农药使用准则（NY/T 393—2013）

（续表）

生产阶段	适用范围	执行规范、技术标准
养殖生产	饲料及添加剂	绿色食品　畜禽饲料及饲料添加剂使用准则（NY/T 471—2010）
		天然植物饲料添加剂通则（GB/T 19424—2003）
		饲料添加剂安全使用规范（农业部公告第 1224 号）
	饲养管理	A 级绿色食品　肉羊饲养管理技术操作规程（DB23/T 948—2005）
		绿色食品　农药使用准则（NY/T 393—2013）
	兽药使用	绿色食品　兽药使用准则（NY/T 472—2013）
		畜禽产品消毒规范（GB/T 16569—1996）
	疫病防控	绿色食品　畜禽卫生防疫准则（NY/T 473—2016）
		绿色食品　动物卫生准则（NY/T 473—2001）（2017-4-1废止）
		畜禽产地检疫规范（GB 16549—1996）（2017-3-23 废止）
		种畜禽调运检疫技术规范（GB 16567—1996）（2017-3-23 废止）
	死淘羊处理	畜禽养殖业污染物排放标准（GB 18596—2001）
		畜禽病害肉尸及其产品无害化处理规程（GB 16548—1996）
屠宰加工	厂区卫生	绿色食品　动物卫生准则（NY/T 473—2001）（2017-4-1废止）
	胴体质量	鲜（冻）畜肉卫生标准（GB 2707—2005）（2017-6-23 废止）
		绿色食品　畜肉（NY/T 2799—2015）
		绿色食品　畜禽可食用副产品（NY/T 1513—2007）
	胴体分割	绿色食品　动物卫生准则（NY/T 473—2001）（2017-4-1废止）

（续表）

生产阶段	适用范围	执行规范、技术标准
屠宰加工	农药、兽药、重金属残留	绿色食品　农药使用准则（NY/T 393—2013）
		绿色食品　兽药使用准则（NY/T 472—2013）
		绿色食品　畜禽饲料及饲料添加剂使用准则（NY/T 471—2010）
		食品安全国家标准　食品中污染物限量（GB 2762—2012）
贮藏运输	冷藏库卫生	绿色食品　动物卫生准则（NY/T 473—2001）（2017-4-1废止）

绿色食品标志的认证程序如下。

（1）申请人填写申请书，向所在省绿色食品管理部门（以下简称省绿办）申报。

（2）省绿办委托通过省级以上计量认证的环境监测机构，对该产品或其原料产地进行环境监测评价。

（3）省级绿办对企业申请材料初审合格后，将材料报中国绿色食品发展中心（CGFDC）审查。

（4）CGFDC 会同权威环境保护机构，对上报材料进行审核，合格者由 CGFDC 指定的食品监测机构对其申报的产品进行抽样、监测。

（5）CGFDC 对检测合格的产品进行综合审查，对合格者颁发绿色食品标志使用证书及编号。

四、肉羊有机养殖规范

肉羊有机养殖，要求遵照一定的有机农业生产标准，在生产中不采用基因工程获得的生物及其产物，不使用化学合

成的农药、化肥、生长调节剂、饲料添加剂等物质，遵循自然规律和生态学原理，协调种植业和养殖业的平衡，采用一系列可持续发展的农业技术以维持持续稳定的农业生产体系。

从事肉羊有机养殖的企业，要在遵循国际通行规则的基础上，按照有机农业生产方式，根据农业资源优势和国际市场需求选择性地发展。在国际市场上销售的有机食品需要经过 IFOAM（国际有机农业运动联合会）授权的有机食品认证机构的认证，一并加贴有机食品标志。

在国内，凡符合我国有机食品发展中心《OFDC 有机认证标准》的羊肉食品均可申请认证，经 OFDC 颁证委员会审核同意颁证后，授予该标志使用权。取得有机食品认证证书的单位或个人，在限定的范围内可以在其有机羊肉认证证书规定产品的标签、包装、广告、说明书上使用有机食品标志。

肉羊的生产养殖，要按国家标准《有机产品　第一部分：生产》和环境保护部的标准《有机食品技术规范》进行。

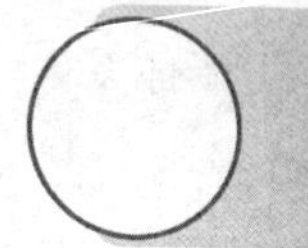

参考文献

冯维祺，马月辉，陆离. 2009. 肉羊高效益饲养技术［M］. 北京：金盾出版社.

付殿国，杨军香. 2013. 肉羊养殖主推技术［M］. 北京：中国农业科学技术出版社.

李拥军. 2010. 肉羊健康高效养殖［M］. 北京：金盾出版社.

李震中. 1998. 畜牧场生产工艺与畜禽设计［M］. 北京：中国农业出版社.

童建军. 2013. 无公害肉羊生产技术要求与认证［J］. 畜牧兽医杂志，32（1）.

薛慧文. 2008. 肉羊生产良好农业规范（GAP）及其认证［J］. 中国动物保健（11）.

杨博辉. 2014. 适度规模肉羊场高效生产技术［M］. 北京：中国农业科学技术出版社.